职业教育建筑类专业“新形态一体化”系列教材

建筑工程测量

（配任务工单及实训指导书）

主　编　王怀英　王　珣
副主编　李进印　邢　彤　延　森
参　编　刘　贺　王靖涵　于大力
主　审　蔡小玲　齐亚丽

机械工业出版社

本书编写以测量基本技术为重心，以建筑工程施工测量应用为标的，以必需、够用为原则，将内容分成 3 个项目：项目 1 为工程测量技术基础；项目 2 为场地控制测量；项目 3 为民用建筑工程施工测量。每个项目下按照内容分为若干任务，每个任务后均附有任务工单和知识点总结，便于学生对知识点的梳理以及对掌握程度的考核，教材具有较强的实用性。

本书为高等职业院校土建类专业建筑工程测量课程教材，适用于建筑工程技术、道路工程技术、隧道工程技术、工程测量技术、工程造价、工程管理、工程监理等专业教学使用，也可供从事相关专业工作的技术人员参考。

本书配套操作类微课视频、电子课件以及整套实训手册，同步在学习通平台建设线上课（https://www.xueyinonline.com/detail/240894367?tone-wterm=true）。选用本书作为教材的老师可登录机械工业出版社教育服务网（www.cmpedu.com）进行注册免费下载，咨询电话：010-88379375。

图书在版编目（CIP）数据

建筑工程测量：配任务工单及实训指导书 / 王怀英，王珣主编. -- 北京：机械工业出版社，2024. 7（2026.1 重印）.
（职业教育建筑类专业“新形态一体化”系列教材）.
ISBN 978-7-111-76113-6

Ⅰ. TU198

中国国家版本馆 CIP 数据核字第 20241PR237 号

机械工业出版社（北京市百万庄大街 22 号　邮政编码 100037）
策划编辑：沈百琦　　责任编辑：沈百琦　高凤春
责任校对：孙明慧　李可意　景　飞　　封面设计：马精明
责任印制：张　博
固安县铭成印刷有限公司印刷
2026 年 1 月第 1 版第 2 次印刷
184mm×260mm · 14.25 印张 · 317 千字
标准书号：ISBN 978-7-111-76113-6
定价：47.00 元

电话服务
客服电话：010-88361066
010-88379833
010-68326294

网络服务
机　工　官　网：www.cmpbook.com
机　工　官　博：weibo.com/cmp1952
金　书　网：www.golden-book.com
机工教育服务网：www.cmpedu.com

前　言

党的二十大为职业教育发展提供了明确的指引方向，其中“优化职业教育类型定位”“为党育人、为国育才”，有力坚定了职业教育发展信念。高等教育中专业课程要紧紧围绕培养什么人、怎样培养人、为谁培养人这一根本问题展开。为了更好地助力思政教育理念在高等职业教育的推行，让思政教育走进专业技术课堂并进一步得到落实，吉林工程职业学院建筑工程测量课程团队联合施工单位共同编写了本书。本书的编写思路与特点如下：

1. 为建筑工程建设一线培养高素质技术技能型人才。本书主要针对高等职业院校学生特点，精简课程内容，将建筑工程测量内容按照技术基础与技术应用分为3个项目。从工程测量技术基础开始，到基本技能应用，进一步落实到实践应用。以打牢学生技能基础为出发点，为工程建设培养高素质技术技能型人才。

2. 以项目解构知识体系，用任务驱动学习动力。本书整体解构成3个项目，每个项目下又分为若干任务，每个任务都设计了对应的活页式任务工单。任务工单分为理论与实操两种模式，在打牢理论知识的基础上布置实操任务。每次课通过任务驱动和总结，让教的有抓手，让学的有收获。为了提高学生的主动学习意识，任务中还配有拓展实践和思考内容，任务单笔记给学生留白，培养学生主动思考问题、总结知识点的能力，以及主动寻找解决问题的方法。

3. 培养有思想素质、有责任担当的人才。为了引导学生正确的世界观、人生观和价值观，本书系统性融入了素养提升内容，每个任务后均附有一个测量相关的小故事，通过讲故事的形式，引领学生了解“中国测量”，学做“大国工匠”。使学生在学习专业技术课程的同时树立民族自信和责任担当的思想意识。

4. 配套丰富的数字资源，服务职业教育数字化教学需要。本书配套有实操类微课视频，可供学生随时观摩学习，微课视频中兼顾了对学生职业素养提升的相关内容；同时，在学银在线同步建设在线课程（课程网址：https://www.xueyinonline.com/detail/240894367?tone-wterm=true)，可实现线上线下混合式教学。平台还配有题库习题，供学生自测和方便教师检测学生学习效果。

5. 配有实训指导书，满足教学实际需要。本书最后附有“工程测量实训指导书”，用以综合训练检核整体“建筑工程测量”的理论与实操学习应用效果，供选用本书的师生参考。

6. 版式设计精美，精心设置学习笔记栏，方便学生使用学习。

全书内容按照64学时规划，学时分配如下：（仅供参考）

项目	任务分配	学时分配（学时）		
项目 1　工程测量技术基础	任务 1　掌握测量理论基础知识	2	22	64
	任务 2　水准测量实施	6		
	任务 3　学习角度测量	8		
	任务 4　学习距离测量	2		
	任务 5　学习全站仪及 RTK 的应用	4		
项目 2　场地控制测量	任务 1　学习地形图测绘与应用	6	18	
	任务 2　学习三、四等水准测量	6		
	任务 3　学习导线控制测量	6		
项目 3　民用建筑工程施工测量	任务 1　学习建筑施工控制测量	4	22	
	任务 2　学习民用建筑施工测量及定位放线	6		
	任务 3　学习民用建筑基础施工测量	4		
	任务 4　学习民用建筑主体施工测量	6		
	任务 5　学习民用建筑变形监测	2		
总复习		2		

本书由吉林工程职业学院王怀英、大连职业技术学院王珣担任主编，吉林工程职业学院李进印、邢彤及沈阳职业技术学院延森担任副主编，具体编写分工为王怀英编写项目 1、项目 2 并负责后期统稿，王珣编写项目 3，李进印、邢彤、延森负责编辑相关图形及表单，顺达建筑安装工程有限公司高级工程师刘贺与吉林工程职业学院王靖涵、于大力为本书提供大量建筑工程测量在工程施工中的实际应用素材。全书由无锡职业技术学院蔡小玲教授与吉林工程职业学院齐亚丽教授主审，她们为教材整体内容结构提出很多宝贵建议，在此表示衷心感谢！

由于编者水平有限，教材中的疏漏和不足之处，恳请广大读者不吝提出宝贵意见和建议，以便修订时及时更正。

编　者

二维码清单

课程介绍					
序号	名称	图形	序号	名称	图形
1	测量理论基础知识-1		7	水准测量实施	
2	测量理论基础知识-2		8	三脚架架设	
3	水准测量概述		9	自动安平水准仪的使用	
4	水准测量仪器与使用		10	角度测量基本概念	
5	普通水准测量实操		11	测回法角度测量	
6	水准测量实操		12	电子经纬仪的使用实操	

（续）

序号	名称	图形
13	测回法角度测量实操	
14	方向观测法角度测量	
15	竖直角度测量	
16	距离测量	
17	全站仪应用	
18	RTK 应用	
19	全站仪的基本使用实操	
20	全站仪坐标测量实操	
21	RTK 实操	
22	数字测图演示	
23	地形图测绘	
24	三、四等水准外业观测和内业处理	
25	三、四等水准应用范围及规范要求	
26	四等水准测量外业实操	
27	导线测量-1	
28	导线测量-2	
29	导线控制测量外业实操	
30	施工控制测量	

（续）

序号	名称	图形	序号	名称	图形
31	定位放线		33	主体施工测量	
32	基础施工测量		34	变形监测	
本书配套在线精品课					

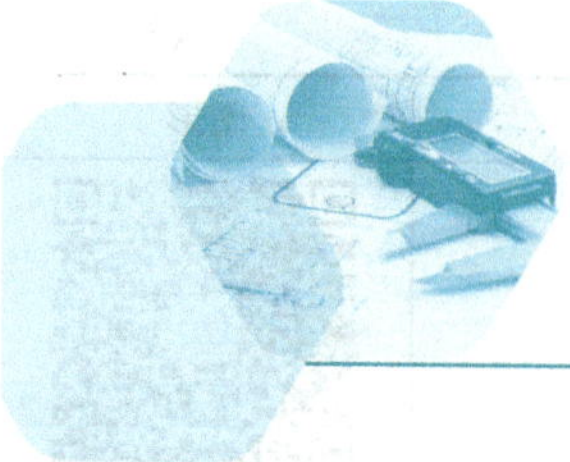

目 录

项目1 工程测量技术基础

测量理论
基础知识-1

测量理论
基础知识-2

任务1　掌握测量理论基础知识

任务发布：小组讨论分享，我国有关测量发展的历史实例资讯及几个测量基本概念。

任务目标：

素质目标	知识目标	能力目标
◇ 坚定求真求实观念 ◇ 加强团队协作意识	◇ 了解我国测量史 ◇ 掌握测量坐标系概念 ◇ 熟悉测量误差分类	◇ 会进行水准测量 ◇ 具备测量理论基础 ◇ 能理解测量任务整体构成

任务分析与学习：

1.1 我国测量学发展历史简介

我国是世界四大文明古国之一，古代文明发展历史久远而博大精深，古代测量学的发展也是成就显著。我国古代先人由于生活和生产的需要，很早就开始研究和应用测量学，在测量学方面也取得了辉煌的成就。现举以下几个有代表性的相关历史实例说明：

1）长沙马王堆三号汉墓出土的西汉初期长沙国地图——世界上发现最早的彩色军用地图《驻军图》。这张图画在一幅绢帛上，比例尺为1∶8万~1∶10万，图上分红、蓝、黑三种颜色。居民点用黑色圆圈表示，山脉用黑色“山”字形符号表示，河流用蓝色，道路用红色。这些地理要素均表示在第二层平面上，而且定位精确。在第一层平面上，突出表示军事部署：红色三角形城堡表示大本营，红黑两种套框表示九支军队的驻地、指挥点和关卡，红色线条区分防区的界线，层次分明，一目了然。据考证，这幅图是距今2100多年前汉文帝时绘制的。

2）北宋时沈括的《梦溪笔谈》中记载了磁偏角的发现。《梦溪笔谈》卷二十四中写道：“方家以磁石摩针锋，则能指南。”这是我国和世界上关于地磁偏角的最早记载。西方直至公元1492年哥伦布第一次航行美洲时才发现了地磁偏角，比沈括的发现晚了400年。

3）清朝康熙年间，1718年完成了世界上最早的地形图之一《皇舆全览图》。康熙年间，曾组织人力对全国进行大地测量，经过多年的筹划、测绘工作，制成了《皇舆全览图》。这部地图被英国李约瑟称为“不但是亚洲当时所有的地图中最好的一幅，而且比当时所有的欧洲地图都更好、更精确”。

乾隆年间，在《皇舆全览图》的基础上，根据测绘的新资料，制成了《乾隆皇舆全图》。在这份地图里，第一次详细地绘制出了我国的新疆地区。

【拓展实践】　了解我国现代测量领域的测量历程和成就。

1.2 测量学的概念及分类

测量学是一门研究地球表面的形状和大小、确定地面点位的科学。测量学的主要分支学科如下：

1）大地测量学。

2）地形测量学。

3）摄影测量学。

4）海洋测量学。

5）工程测量学。

工程测量学是测量学的一个分支，是研究工程建设在勘测、规划、设计施工、运行管理各阶段的测量工作理论、技术和方法。建筑工程测量属于工程测量学当中的一个分支学科。

1.3 测量学的主要工作任务

测量学的主要工作任务有两项，一是测绘（也称为测定），二是测设（也称为放样）。测绘就是用各种测量仪器和工具，通过实地测量和计算，将地表的地物地貌位置按一定比例尺缩绘成地形图，作为规划设计、经济建设、国防建设和科学研究应用的依据（即由“地”到“图”）。测设是将设计图上的建（构）筑物的位置信息按设计要求在地面上标定出来，作为施工的依据（即由“图”到“地”）。

测量工作贯穿于整个工程建设的始末，服务于工程施工建设的每一个环节，测量的精度和进度直接影响着整个工程施工建设的质量与精度，因此测量工作在工程建设中起着尤为重要的作用。

1.4 工程测量工作

测量的工作一般分成野外勘测（外业）、室内数据计算和整理数据绘制成图（内业）几个步骤。在测量的实际工作中一般并不能直接测出空间点位的坐标和高程，而是先测出高差、角度、距离等数据，再根据所测出的数据通过相应公式推算出点位的坐标和高程。高差、角度、距离是测量的基本要素。测量的三大基本工作就是高差测量、角度测量、距离测量。

测量的工作程序通常是从控制到碎部，如图1-1、图1-2所示。

首先在测量区域附近找出一个测量精度级别符合要求的（坐标、高程和方位角）已知点A，然后从已知点出发，在测量区域内布置出几个具有控制意义的点位，B、C、D、E、F作为测量控制点，选用精确的测量仪器，以严谨的测量态度测出各个控制点之间的水平距离以及各控制连线边之间的水平夹角，根据已知点的坐标和方位角、测出的距离和水平夹角，运用公式推算出控制点B、C、D、

E、F 的坐标及方位角。再从已知点出发测出各个控制点之间的高差，利用点 A 的已知高程，推算出控制点 B、C、D、E、F 的高程。测量工作到此，完成控制测量的步骤。

图 1-1　测区实际地物地貌

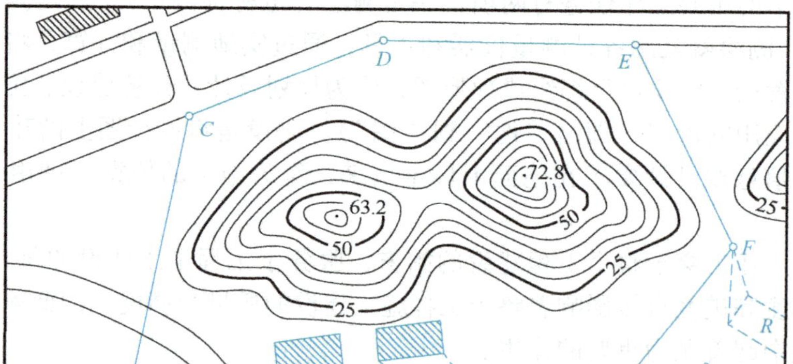

图 1-2　测区地形图

然后再根据控制测量得出的控制点位（B、C、D、E、F）的坐标与高程数据测算出碎部点 P、Q、R 的坐标和高程，进而完成碎部测量的步骤。

总结上述测量过程可见，若控制点位（B、C、D、E、F）的测量数据出现错误，则由此得出的碎部点位（P、Q、R）的测量数据必然是错误的。所以测量工作必须严谨认真，步步检核，以保障测量成果数据的正确性、可用性。测量工作应遵循的工作原则是：

1）布局上“由整体到局部”。

2）精度上“由高级到低级”。

3）程序上“先控制后碎部”。

4）过程中“步步检核”。

工程建设中的测量工作相当于建筑施工现场上的“尖刀连”，测量成果的精准有效直接影响到整个工程建设的施工质量与整体设计方案的实现；测量设备和工具是测量人手中的“武器”；测量工作团队是测量工作过程中的“战友”。所以对测量工作的要求是：

1）工作态度严谨认真，团队协作。

2）对待数据，严守客观原始、求真求实。

3）对待设备和工具，严格遵守使用规则，细心爱护。

测量工作成果精准有效至关重要，测量工作属于一门实践操作性很强的技术工作，要求测量人秉持着吃苦耐劳、严把质量关的工作态度，熟练掌握测量工作的细节、方式方法，严谨认真地做好每一个工作环节，力求测量工作成果的精准有效，从而保障工程建设保质保量地顺利进行。

1.5 地面点位的确定

工程测量工作研究的直接对象是空间点位，空间点在投影面上的位置用坐标表示（x，y），空间点在高度方向上的位置用高程表示（z）。如空间点 a 的投影，如图 1-3、图 1-4 所示。

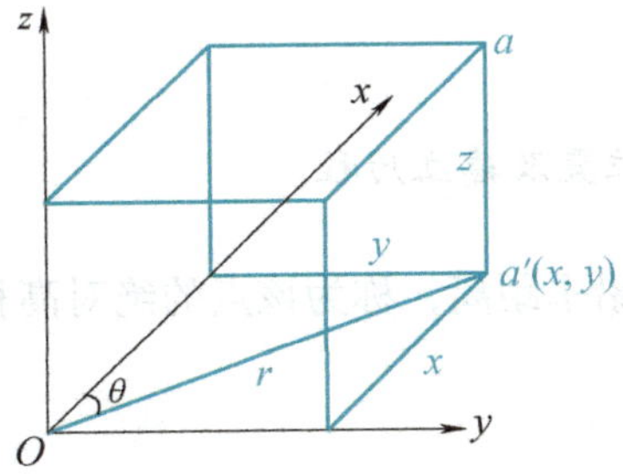

图 1-3　点 a 的空间投影

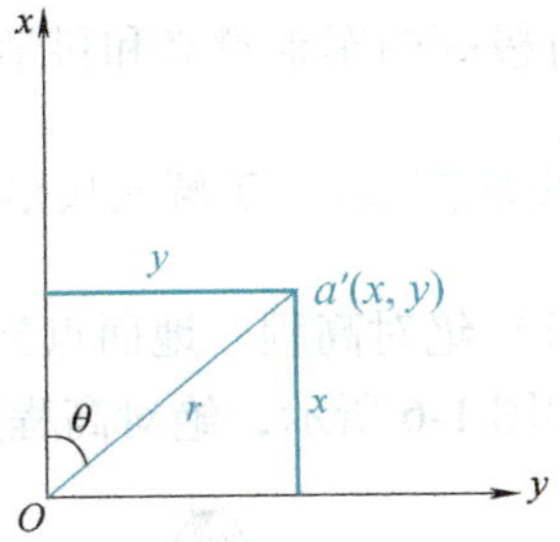

图 1-4　点 a 的平面坐标投影

空间点位的投影模型有了，那么测量学中的投影面和投影方向又是什么呢？下面首先了解几个概念。

1.5.1 测量学的基准线和基准面

1）基准线：离心力和地心引力的合力称为重力，重力的作用方向线即为铅垂线。它是测量工作的基准线。

2）水准面：假想自然静止不动的水面延伸穿过陆地，包围了整个地球，形成一个闭合的曲面，这个曲面称为水准面（无数个）。

3）大地水准面：在无数个水准面中，假想一个与平均海水面相吻合的水准面称为大地水准面（唯一一个），它是测量工作的基准面，如图 1-5 所示。

大地水准面的特性是不规则性（但处处与铅垂线垂直）和唯一性。大地水准面既是点位的投影面，也是绝对高程的起算面。

4）假想用一个扁率极小的椭圆，绕大地球体短轴旋转所形成的规则椭球体称为地球椭球体，此椭球体近似于大地水准面。如图 1-5 所示，地球椭球体表面是一个规则的数学表面，便于用数学概念表达，因此便于地球表面测量数据的处理和计算。

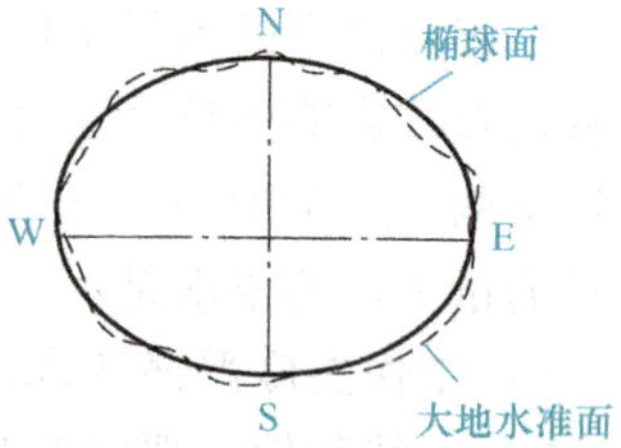

图 1-5　大地水准面与椭球面

1.5.2　确定地面点位的方法

测量上将空间坐标系分解成确定点的球面位置的坐标系（二维）和高程系（一维）。坐标表示地面点投影到基准面后，在基准面上的位置（二维 x，y）。高程表示地面点沿铅垂线到基准面上的距离（一维 z）。

新中国成立初期，我国使用的大地测量坐标系统的坐标原点是苏联的玻尔可夫天文台。20 世纪 70 年代，我国决定建立自己独立的大地坐标系统，最后在陕西省泾阳县永乐镇北洪流村建立大地原点，依此建立的大地坐标系称为 1980 西安坐标系，地理坐标为东经 108°55′，北纬 34°32′。

我国以青岛验潮站的黄海平均海水面为基准，建立了青岛观象山的水准原点（即国家水准原点，72.260m），称为 1985 国家高程基准。原点在屋内深井中，里面有一个圆形黄玛瑙，玛瑙上一个红色小点，标志着此高度是海拔 72.260m，也就是我国的水准原点。全国各地的海拔就是以此水准原点为基点算起的，因此它具有极高的军事意义和科学价值。

【拓展实践】　了解我国水准原点的地理位置及建立历程。

（1）绝对高程　地面点到大地水准面的铅垂距离，称为该点的绝对高程或海拔，如图 1-6 所示，绝对高程用 H 表示。

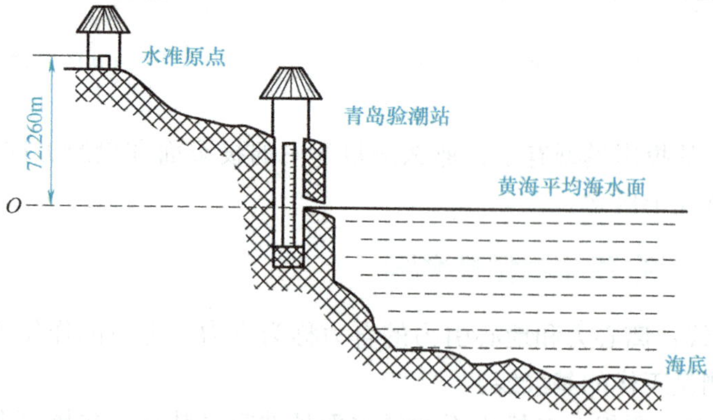

图 1-6　绝对高程

（2）相对高程　地面点到假定水准面的铅垂距离称为相对高程，如图 1-7 所示。相对高程用 H' 表示。

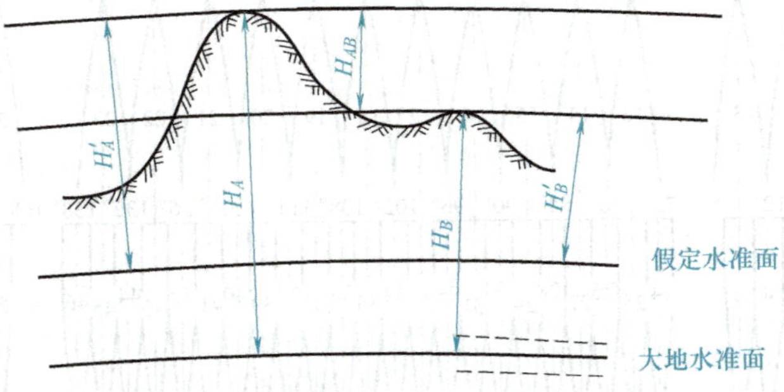

图 1-7　相对高程

通过计算得出，地球的曲率对高程影响很大，所以不能用水平面代替大地水准面，高程的起算面只能是水准面。

（3）地面点的坐标　地面点的坐标通常有地理坐标、高斯平面直角坐标、独立平面直角坐标三种表示形式。

1）地理坐标：地面点在参考椭球面上的位置采用经度 L 和纬度 B 表示的方式，称为地理坐标。这种表示方式以大地水准面为基准面，以铅垂线为基准线。形式上便于描述，但不便于数据计算。因此在地理学上应用广泛，但在工程计算中应用不多。

2）高斯平面直角坐标：从首子午线开始，自西向东每 6°划分一带，将该带展开，近似看成平面；或是从东经 1°30′子午线开始，自西向东每 3°划分一带，将该带展开，近似看成平面。以划分好的 6°带或 3°带的中心线为轴，南北向为纵轴，东西向为横轴建立坐标系，在这样的坐标系中表示出地面点的位置坐标，这种坐标表示方式叫作高斯平面直角坐标，如图 1-8 所示。这种坐标表示方法适用于研究范围较大的测量工作。

根据我国的地理位置特点，为了便于数据计算，我国高斯平面直角坐标的表示方法是先将自然值的横坐标 y 加上 500km，再在新的横坐标 y 之前标以 2 位数的带号。

数学中的平面直角坐标以纵轴为 y 轴，自原点向上为正，向下为负；以横轴为 x 轴，自原点向右为正，向左为负；测量上的平面直角坐标系以南北方向的纵轴为 x 轴，自原点向北为正，向南为负；以东西方向的横轴为 y 轴，自原点向东为正，向西为负。同时坐标系的象限规定也有所不同，数学坐标系如图 1-9a所示，象限逆时针方向规定；测量坐标系如图 1-9b 所示，象限顺时针方向规定。

3）独立平面直角坐标：当测区面积较小时（两点间距离 D 在 10km 范围内，面积约 320km^2 内），可不考虑地球曲率的影响，用平面直角坐标表示其投影位置。建筑工程中通常使用这种形式。规定 x 轴向北为正向，y 轴向东为正向，坐标象限按顺时针方向编号，如图 1-10 所示。为了便于数据计算，把坐标系的原点选在测区西南角，以使测区内任意点的坐标均为正值。

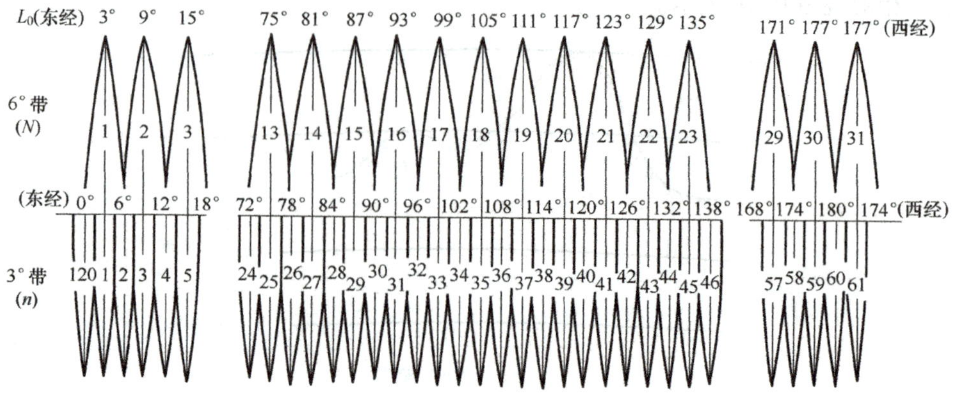

a) 高斯平面投影6°(3°)带

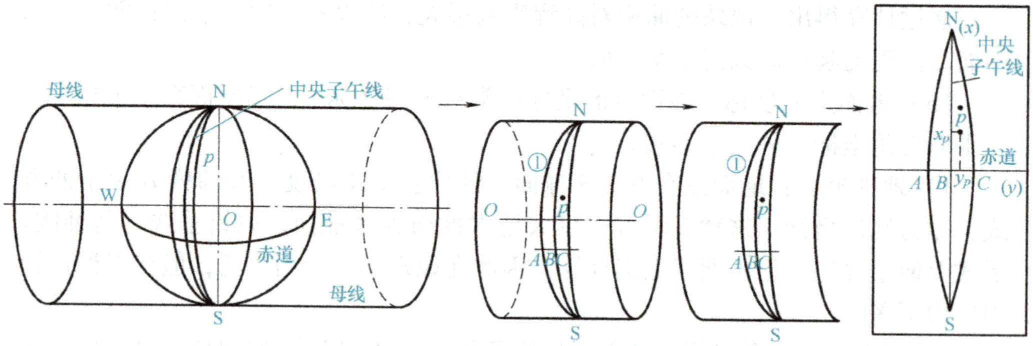

b) 高斯平面投影原理

图 1-8 高斯平面投影

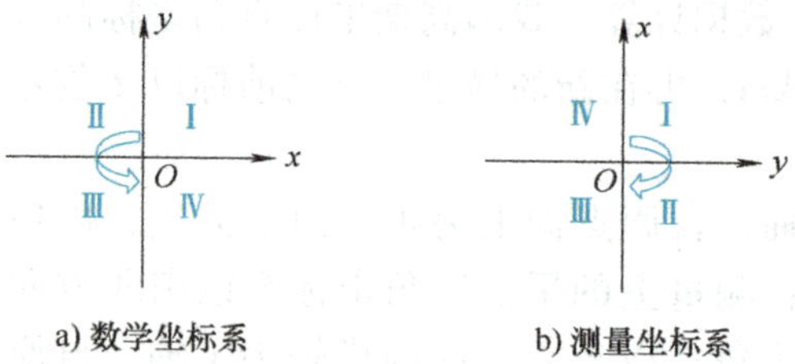

a) 数学坐标系

b) 测量坐标系

图 1-9 坐标系

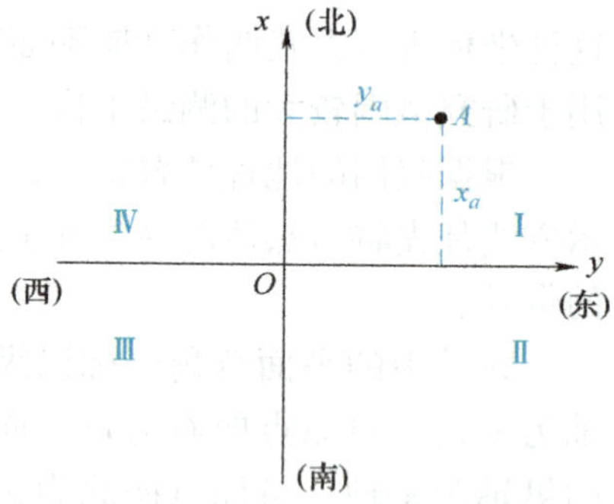

图 1-10 独立平面直角坐标系

1.6 测量误差

1.6.1 测量误差以及误差来源

工程测量实践过程中可以发现，无论采用多精密的测量仪器，测量操作过程多认真仔细，得出的测量结果总是会存在着或大或小的误差，可见测量过程存在误差不可避免。例如，对同一测量值进行多次观测，其观测结果不相同；测量值不等于理论值，如三角形内角和不等于180°（即 $\alpha+\beta+\gamma\neq180°$），水准测量闭合差不等于0（即 $\sum h\neq0$）。类似的例子很多，有必要研究测量误差，了解它的规律，发现规避它的方法。

经过观察研究，测量误差的来源分为以下三个方面：

1）来自测量仪器的精度制约（设备因素）。

2）来自观测者的技术水平限制（人的因素）。

3）来自外界自然环境的影响（环境因素）。

了解测量误差的来源，以便在工程测量过程中尽量针对各方面的原因规避测量误差的产生。

1.6.2 测量误差的分类

测量误差的种类归结为以下三类：粗误差、系统误差、偶然误差。

（1）粗误差　粗误差严格来讲不算误差而是错误，它是因读错、记错、测错、算错造成的错误。通过采取认真细致的测量态度，能够避免粗误差。

（2）系统误差　在相同观测条件下，对某个测量值进行一系列观测，如果误差出现的符号和大小均相同，或按一定的规律变化，则称这种误差为系统误差。

这种误差有三个特点：误差的绝对值为一常量，或按一定的规律变化；误差的正负号保持不变，或按一定的规律变化；误差的绝对值随着单一观测值的倍数而累积。

系统误差由于具有累积性，对测量成果的影响较大，却没办法完全消除。但可以通过校正仪器，观测值加改正数，采用一定的观测方法加以抵消或削弱。

（3）偶然误差　在相同的观测条件下，对某量进行了 n 次观测，如果误差出现的大小和符号均不一定，则这种误差称为偶然误差，又称为随机误差。偶然误差，就其个别值而言，在观测前无法预知其出现的大小和符号。偶然误差只能通过改善三方面的观测条件对其加以控制。

虽然偶然误差无法预测，但还是有规律可循。在一定的条件下，偶然误差的绝对值不会超过一定的限度，这个限度值也叫极限值或容许值。这个限度值的作用是用来区分错误与误差的界限（有界性）；绝对值小的误差比绝对值大的误差出现的机会要多（密集性/区间性）；绝对值相等的正、负误差出现的机会相等，可相互抵消（对称性）；同一量的等精度观测，其偶然误差的算术平均值随着观测次数的增加而趋近于零（抵偿性）。

对待不同种类的误差如何处理呢？下面是对测量误差的处理原则：

（1）粗差　舍弃含有粗差的观测值，并重新进行观测。

（2）系统误差　按其产生的原因和规律加以改正、抵消和削弱。

（3）偶然误差　根据误差特性合理地处理观测数据以减少其影响。一般要通过一定的数学方法（测量平差）来处理。

【拓展实践】　了解测量中误差与相对误差的概念以及各自的应用。

测量小故事

我国测量专家　陈永龄

陈永龄（图1-11），中国科学院院士，大地测量专家，中国科学院学部委员，在我国测绘界有较高声誉。曾任中华人民共和国第三届全国人民代表大会代表，第五、六、七届全国政协委员，中国测绘学会第二、三届理事会副理事长。他1910年11月出生于北京。1931年毕业于上海交通大学。1934年考取公费留学，先入英国伦敦大学帝国理工学院，后去德国攻读大地测量学，1939年获柏林工业大学工学博士。他在做测绘研究所的第一任所长时，短短几年时间，就建立起大地、航测、制图、地名、电子和情报等研究室，领导这些研究室制定了长远的科技发展目标，选配了各方面的科技管理干部和研究人员，堪称我国测绘界的泰斗级人物。

图1-11　陈老在接受采访

陈永龄先生长期从事测绘学的教学和研究工作，以大地测量见长。20世纪40年代致力于大地控制网的布设理论和我国地区地球开关（大地测量学水准面）方面的研究，首次发现了起自西伯利亚经过我国东部地区一直延伸到缅甸和马来西亚半岛的大地水准面上翘带。1965年制定测量珠穆朗玛峰海拔（高程）的技术方案，测定其高程为8848.13m，并被世界公认。20世纪70年代推动采用卫星多普勒定位技术，初步建立了我国地心坐标系统。20世纪80年代建议采用全球定位系统（GPS），并提出研究地壳运动和地球动力学的技术方案。

在领导闽赣铁路路线的勘测工作时，他提出利用航空摄影的方法对要穿越许多高山峻岭的线路进行勘测，取得了满意的效果，为以后我国铁路航测工作的发展奠定了基础，成为把航空摄影测量技术应用于我国铁路路线勘测的创始人。

任务实施与评价：

任务工单 1（自测）

项目名称	工程测量技术基础	任务名称	测量理论基础知识
训练方式	理论习题	学时分配	2
姓名		个人得分	
日期		小组得分	
学期成绩		得分占比	

任务习题：（每空 2 分，共 100 分）

1. 课堂上提到的历史上我国测量成就有____________、____________、____________。你知道的我国现代测量成就有____________、____________、____________。

2. 测量学是一门研究地球表面____________、____________、____________的科学。

3. 测量学的学科分类有__________、__________、____________、____________、____________，建筑工程测量属于____________学科分类当中的一个分支。

4. 测量学的工作任务是____________、____________。

5. 测设的概念是____。测定的概念是____。

6. 测量工作中外业是____________________；内业是________________________；测量的基本工作是____________，____________，____________。

7. 测量的基本原则是____________，____________，____________，____________。

8. 测量的基准线是______。基准面是______、______，水准面有______个，大地水准面有______个。

9. 地面点到大地水准面的铅垂距离称为______，用______表示；地面点到假定水准面的铅垂距离称为______，用______表示。

10. 高程的起算面______（能/不能）______用水平面代替，因为____________________________。

11. 地面点的坐标，通常有____________、____________、____________三种表示形式，建筑工程中常用____________种形式。

12. 2020 年______月______日，我国重测珠峰高度为______ m，这是我国第______次对珠峰进行大规模测绘工作。1975 年______月______日，我们首次将测量觇标竖立在珠峰峰顶，并精确测得珠峰海拔（高程）为______。

任务总结：本次任务为理论知识类，知识点总结如图 1-12 所示。

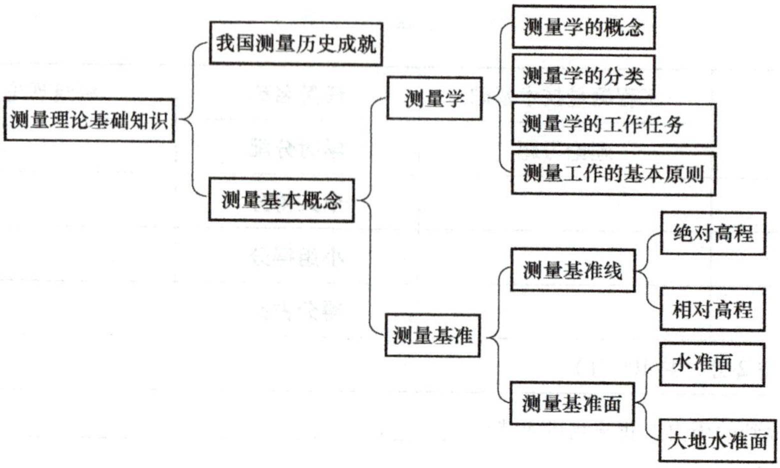

图 1-12　任务 1 知识点总结

任务 2　水准测量实施

任务发布： 小组合作，完成水准测量理论与实操任务工单。

任务目标：

素质目标	知识目标	能力目标
◇ 坚定求真求实观念 ◇ 加强团队协作意识 ◇ 提升科学技术民族自信	◇ 理解水准测量原理 ◇ 掌握水准测量方法 ◇ 熟悉水准测量步骤	◇ 具备快速安置三脚架的能力 ◇ 会调平水准仪并读数 ◇ 能独立填写并计算数据表单

水准测量概述

任务分析与学习：

2.1 高程测量概述

2.1.1 高程测量的概念及原理

高程是确定地面点位的重要要素之一。测量地面点位高程的工作称为高程测量。高程测量根据所使用的仪器和施测方法的不同，分为水准测量、三角高程测量、GPS 测量。其中水准测量是高程测量方法中最为常用、用途广泛、精度很高的一种。因此我们选用水准测量方法进行高程测量的讲解。

水准测量的原理是：利用水准仪提供的一条水平视线，分别读出地面上两个点（一个已知点，一个待测点）上所立水准尺上的读数，由此读数计算出两点的高差，再根据所测高差由已知点的高程推算求得待测点的高程，如图 1-13 所示。

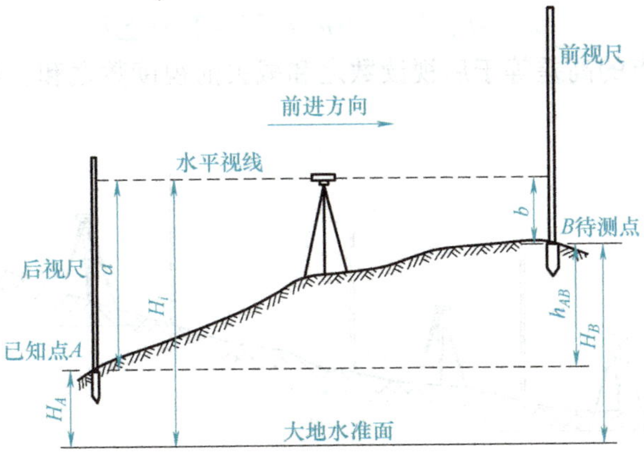

图 1-13　水准测量原理

由水准测量原理推导出两种测量方法，即高差法和仪器高法。二者的适用条件是：高差法用于高程的联标测量，用来完成测绘任务；仪器高法适合用来完成测设任务，用于地面上定位点的高程放样。

$$高差法：H_B=H_A+(a+b)$$

$$仪器高法：b=(H_A+a)-H_B$$

从公式的表达可以看出，测绘和放样在完成任务的目的上是有区别的：测绘是求得某点的高程；放样是求得某点的尺上读数。

2.1.2 水准测量的几个概念

1）后视点及后视读数：某一测站上已知高程的点 A 称为后视点；在后视点上的水准尺读数称为后视读数，用字母 a 表示。

2）前视点及前视读数：某一测站上高程待测的点 B 称为前视点；在前视点上的水准尺读数称为前视读数，用字母 b 表示。

3）转点：在连续水准测量中，用来传递高程的点称为转点。其上既有上一测站的前视读数，又有下一测站的后视读数。

4）间视点：在测量过程中，临时用来检查某一点的高程而在其上立尺所测的只有前视读数的点称为间视点。间视点属于前视点的一个类型，其数据不能用来进行计算校核，常在超平中使用。

5）视线高程：即仪器水准视线高程，为水准尺读数加水准点高程，公式为

$$H_i=H_A+a=H_B+b$$

6）连续水准测量：也称联标。在 A、B 两点间高差较大或相距较远，安置一次水准仪不能测定两点之间的高差时使用。此时有必要沿 A、B 的水准路线增设若干个必要的临时立尺点，即转点（用作传递高程）。根据水准测量的原理依次连续地在两个立尺中间安置水准仪来测定相邻各点间高差，求和得到 A、B 两点间的高差。

$$h_1=a_1-b_1;h_2=a_2-b_2$$

则

$$h_{AB}=h_1+h_2+\cdots+h_n=\sum h=\sum a-\sum b$$

即 A、B 两点的高差等于后视读数之和减去前视读数之和，如图 1-14 所示。

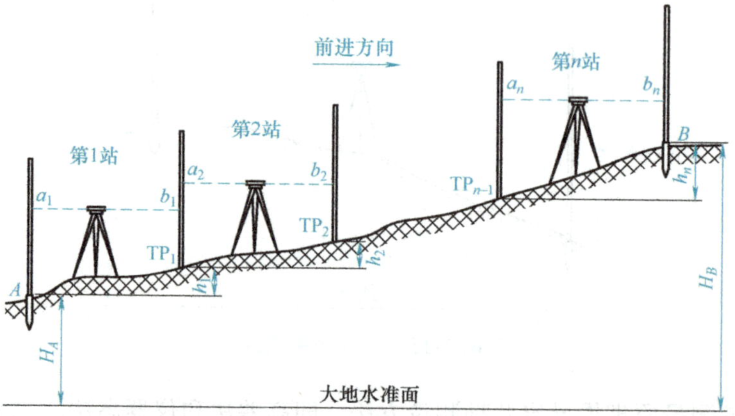

图 1-14　连续水准测量

2.2 水准测量仪器与使用

2.2.1 水准测量的仪器介绍

水准测量的仪器设备包括水准仪、三脚架、水准尺、尺垫。其中水准仪是最主要的仪器设备。其基本构造如图 1-15 所示。整个仪器通过连接板、中心螺旋与三脚架连接。

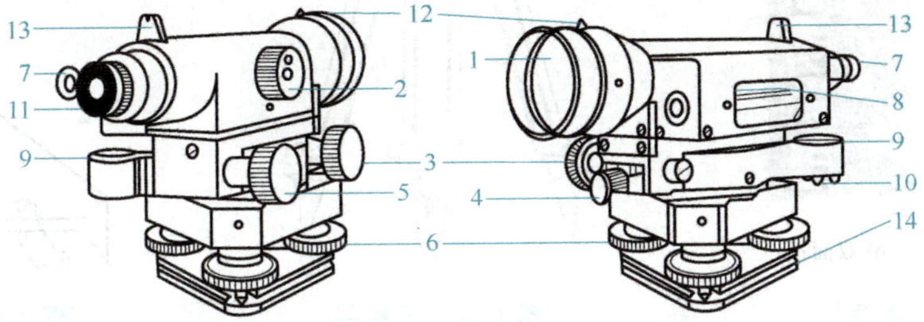

图 1-15　DS3 微倾式水准仪基本构造

1—物镜　2—物镜调焦螺旋　3—微动螺旋　4—制动螺旋　5—微倾螺旋　6—脚螺旋　7—目镜盖　8—管水准器　9—圆水准器　10—圆水准器矫正螺钉　11—目镜调焦螺旋　12—准星　13—照门　14—基座

（1）水准仪

1）望远镜：由物镜、目镜和十字丝刻划板（上丝、中丝、下丝）三部分组成。

2）水准器：有两种，一种是圆水准器，精度低，用于粗略整平；另一种是管水准器，精度高，用于精平。

3）基座：为支撑水准仪连接三脚架的作用，通过调整基座上的脚螺旋，使圆水准器气泡居中。

（2）水准尺　水准尺如图 1-16 所示。水准尺主要有单面尺、双面尺和塔尺。尺面最小分划为 1cm，每 10cm 处（E 字形刻划的尖端）注有阿拉伯数字。双面尺的红面尺底刻划：一把为 4687mm，另一把为 4787mm。双面尺的黑面尺底刻划为 0。

（3）三脚架　为水准仪提供一个便于观测的操作平台，如图 1-17 所示。

（4）尺垫　放置在转点上，为防止观测过程中水准尺下沉、转动或改变位置，如图 1-18 所示。

2.2.2 水准测量仪器的使用

水准仪的操作步骤：安置三脚架、安置水准仪、粗平、精平、瞄准、读数。

1）安置三脚架：分两个步骤。

① 提拉脚架，用右手抓住三脚架的架头部位，立起来，然后用左手顺时针拧开三脚架三个脚腿的固定螺栓。同时上提脚架，使架腿自然下滑。提至架头与

水准测量仪器与使用

普通水准测量实操

水准测量实操

自己的眼眉齐平为止。之后逆时针拧紧螺栓，固定三脚架脚腿。注意螺栓的拧紧程度不要过大，手感稍吃力即可。

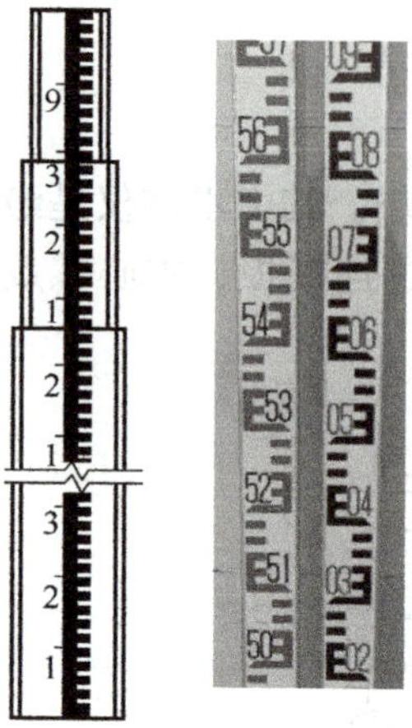
a) 塔尺　　b) 双面尺

图 1-16　水准尺

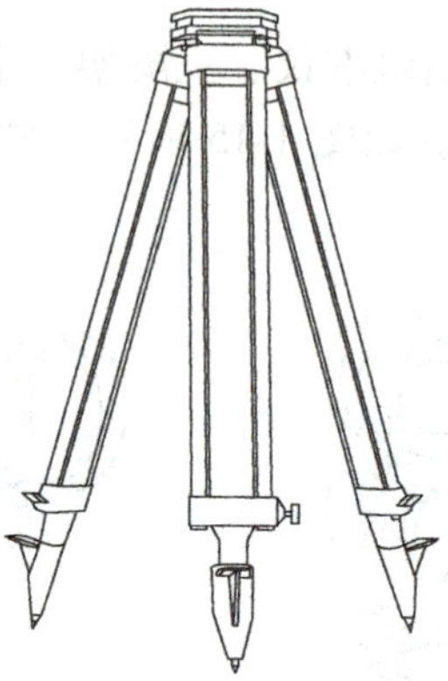
图 1-17　三脚架

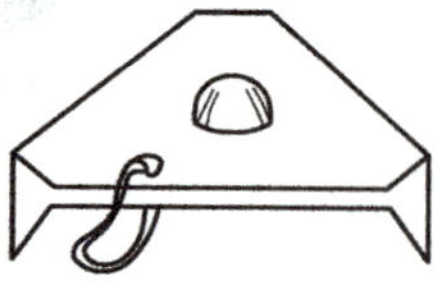
图 1-18　尺垫

② 打开脚架，提拉完脚架之后，用两手分别抓住两个架腿，向外侧掰拉，同时用脚推出另一个架腿，使脚架的落地点构成等边三角形并保证架头大致水平。要求脚架的空挡与两个立尺点相对，这样防止读数时骑三脚架腿的情况出现。

2）安置水准仪：三脚架立好后，打开仪器箱取出水准仪，将水准仪的底座一侧接触架头，然后顺势放平水准仪。旋紧底座固定螺旋。要求松紧适度（注意不要一次性拧死）。

3）粗平：将水准仪的圆气泡对准一个架腿一侧，手提该架腿前后推拉脚腿，使气泡大致居中，踩实架腿。气泡的运动方向为左右反向，前后同向（气泡所在位置为高）。

4）精平：在粗平完成后，调节脚螺旋，圆气泡的运动方向与左手拇指运动方向一致。调节至圆水准气泡严格居中，称为圆水准器粗平，如图 1-19a 所示。其中 1、2 号脚螺旋控制气泡左右方向调节，3 号脚螺旋控制气泡前后方向调节；旋动微倾螺旋，使管（符合）水准器的两个半气泡对齐，称为管（符合）水准器精平，如图 1-19b 所示。

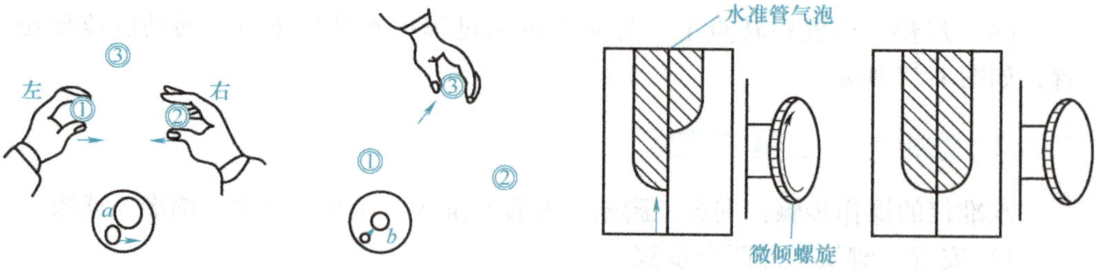

a) 圆水准器粗平　　b) 管水准器精平

图 1-19　粗平、精平

5）瞄准：通过照门和准星瞄准水准尺，调节物镜与目镜调焦螺旋，将物像与十字丝调整清晰，并对准水准尺刻划线。

6）读数：从小数向大数读，读出四位数字。前两位米、分米从尺上直接读取，第三位厘米查格数，第四位毫米估读，读取十字丝的中丝在水准尺上的读数。如图 1-20 所示，读数为 1.438m。

以上是微倾水准仪使用步骤，自动安平水准仪省略了管（符合）水准器精平的步骤。操作注意事项如下：

1）仪器和工具要轻拿轻放，测量成员不能坐在仪器箱上。

2）严格按照操作规程使用仪器。

3）制动螺旋、微动螺旋不能错用，旋转要轻巧。

4）每次读数前都要精平。

5）切忌手扶脚架进行观测。

养成良好的操作习惯，有利于测量精度与速度的提高。

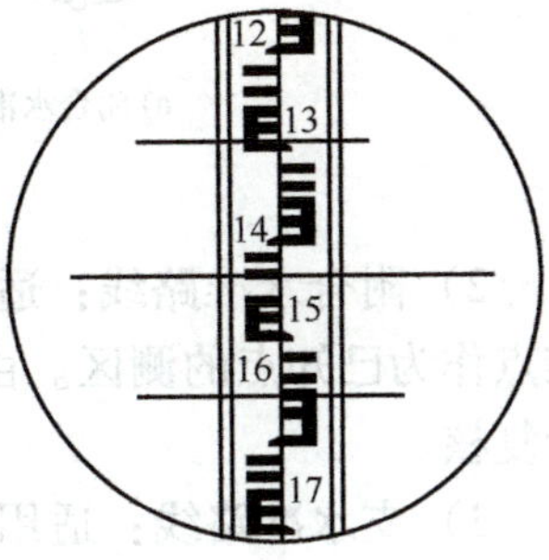

图 1-20 水准尺读数

2.3 水准测量的实施与成果整理

2.3.1 水准点

水准点是由测绘部门通过水准测量方法获得其高程的高程控制点，按国家规范埋设和测定的已知高程的固定点，作为在其附近进行水准测量时的高程依据。一般用字母 BM 表示，水准点有永久性和临时性两种，如图 1-21 所示。

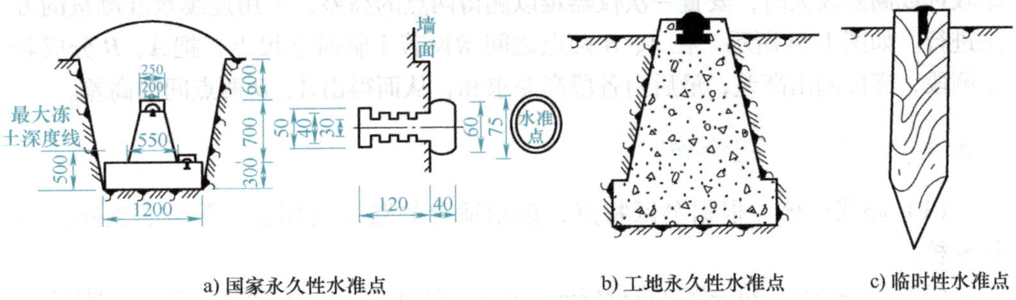

a) 国家永久性水准点　b) 工地永久性水准点　c) 临时性水准点

图 1-21 水准点

2.3.2 水准路线

水准路线依据工程的性质和测区情况，可布设成以下几种形式：闭合水准路线（闭合）、附合水准路线（附合）、支水准路线（支路），如图 1-22 所示。

1）闭合水准路线：适用于只有一个高级水准点，且已知点与待测点比较集中的测区。由已知点 BM1 到已知点 BM1，由一个已知点的数据进行复核。

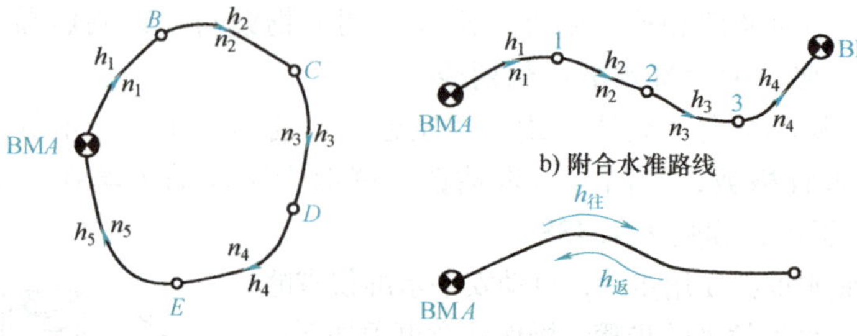

a) 闭合水准路线　　c) 支水准路线

图 1-22　水准路线

2）附合水准路线：适用于待测点不集中，呈带状分布，且两端都有高级水准点作为已知点的测区。由已知点 BM1 到已知点 BM2，由两端两个点的数据进行复核。

3）支水准路线：适用于精度要求不高，待测点少且距离已知点不远的情况。由已知点 BM1 到某一待定水准点 *A*，这种情况需要进行往返测复核。

水准测量实施

三脚架架设

自动安平水准仪的使用

2.3.3　水准测量的实施

水准测量的实施要先做以下几项准备工作：

1）确定已知水准点的位置及其高程数据。

2）确定水准路线的形式，即施测方案。

3）准备测量仪器、工具；检查水准仪、水准尺、三脚架、尺垫、记录表、计算器等的完备性，然后进入现场进行测量。

观测已知点和待测点的距离（距离过大望远镜看不清水准尺读数）及地势高差（高差过大测量过程中看不到低处尺顶或高处尺底水准尺读数）。若地面两点相距不远且高差不大时，安置一次仪器就可以直接测出两点的高差。当地面上两点相距较远或高差较大时，安置一次仪器难以测得两点的高差，采用连续水准测量的方法进行。如图 1-14 所示，在 *A*、*B* 两点之间增设若干临时立尺点，把 *A*、*B* 分成若干测段，逐段测出高差，最后由各段高差求和，从而得出 *A*、*B* 两点间的高差。

2.3.4　水准测量的校核

（1）路线校核　根据测区特点，选用适合的路线（闭合、附合、支路）进行校核。

（2）测站校核　每一测站进行校核。方法有双面尺法、双仪器法、变动仪器高法。

1）双面尺法：在每一测站上，用同一仪器高，分别在红、黑尺面上读数，然后比较黑面测得高差和红面测得高差，当较差满足要求（未超限）时，取其平均值作为该测段高差，否则须重新观测。

2）双仪器法：用两台仪器同时观测，分别计算高差，较差合格（未超限）时取均值。

3）变动仪器高法：在同一测站上，用不同的仪器高（相差 10cm 以上），测得两次高差进行比较。当较差满足要求（未超限）时，取其平均值作为该测段高差；否则重新观测。

(3) 计算校核　用计算高差的总和检验各站高差计算是否正确，如闭合水准路线的高差总和应为零，附合水准路线的高差总和应为两已知点高程之差。

(4) 成果校核　整个测量路线施测完成后，由于测量误差的存在，还要进行成果校核。这是水准测量成果最后一步校核。闭合差在容许范围之内，认为精度符合要求，测量数据有效可用，否则须重测。

闭合差=观测值-理论值

闭合水准路线闭合差：$f_h=\sum h_{测}-\sum h_{理}=\sum h_{测}-0=\sum h_{测}$

附合水准路线闭合差：$f_h=\sum h_{测}-\sum h_{理}=\sum h_{测}-(H_{终}-H_{起})$

支水准路线闭合差：$f_h=\sum h_{往}-\sum h_{返}$

闭合差容许值需要计算得出，它与测量场地特点、测量路线和测站数量有关。根据场地特点选用不同的计算公式，测量路线越长，测站数量越多，闭合差容许值越大，公式如下：

$$f_{h容}=\begin{cases}\pm40\sqrt{L}（平地，L\ 为路线长度，以\ km\ 计）\\ \pm12\sqrt{n}（山地，n\ 为测站数）\end{cases}$$

水准测量按照选用路线计算出测量闭合差值，若在容许值范围内，按照路线占比或测站平均反号分配闭合差，然后使用改正后的高差和已知点的高程，计算出各待测点的高程。

2.4 水准测量的实施实例

如图1-23所示，视线高法水准测量，按要求施测某附合水准路线观测成果图。BM1和BM2为已知高程的水准点，图中箭头表示水准测量前进方向，路线上方的数字为测得的两点的水准尺读数（以m为单位），路线下方数字为该段路线的控制点绝对高程（以m为单位），试计算待测点A、B的绝对高程，相关数据填入表1-1。

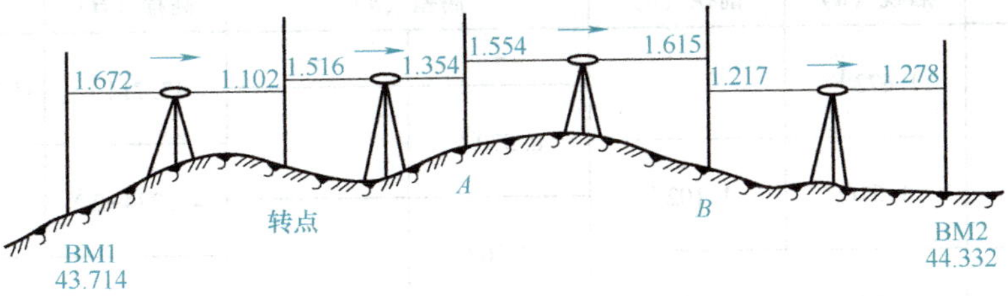

图1-23　视线高法水准测量

表1-1　视线高法水准记录表单

测点	后视（a）	视线高（H_i）	前视（b）	高程（H）	备注
BM1	1.672②	45.386③		43.714①	43.714（已知）
转点	1.516	45.800	1.102④	44.284⑤+2	
A	1.554	46.000	1.354	44.446+4	44.450

（续）

测点	后视（a）	视线高（H_i）	前视（b）	高程（H）	备注
B	1.217	45.602	1.615	44.385+6	44.391
BM2			1.278	44.324+8	44.332（已知）
计算校核	$\sum a=5.959$；$\sum b=5.349$；$\sum a-\sum b=0.610$；$H_2-H_1=0.618$				
成果校核	$f_h=\sum h_{测}-\sum h_{理}=0.610\text{m}-0.618\text{m}=-0.008\text{m}=-8\text{mm}$ $f_{h容}=\pm12\sqrt{n}=\pm12\sqrt{4}\text{ mm}=\pm24\text{mm}$，比较后，可以平差 $f_h/n=-8\text{mm}/4=-2\text{mm}$，反号平差，逐站累计递增				

计算步骤如下：

第一步：测量开始前先将表单备注中两个已知高程值填入，测量过程中按照测量顺序将各测站后视、前视读数填入（注意对应测点行标，不要填错位置）。

第二步：将备注中出发点已知高程值直接移入对应高程单元格，然后按照单元格编号①+②=③，③-④=⑤的计算顺序逐点向下算出高程值并填入表格。

第三步：进行计算检核，分别算出后视之和$\sum a$与前视之和$\sum b$，再求差，然后将前面已知点高程H_2与后面已知点高程H_1作差。

第四步：进行成果校核，计算闭合差$f_h=\sum h_{测}-\sum h_{理}=0.610\text{m}-0.618\text{m}=-0.008\text{m}=-8\text{mm}$；计算容许闭合差$f_{h容}=\pm12\sqrt{n}=\pm12\sqrt{4}\text{ mm}=\pm24\text{mm}$；比较闭合差，由于$f_h$小于容许闭合差$f_{h容}$，在容许范围内，因此可以平差。按照反号各站平均平差规律，逐站累计递增，将平差值填入高程对应单元格（注意反号累计递增）。

第五步：按照高程平差值，重新计算待测点高程填入备注对应列。

核对平差后终点的高程计算值与已知数值是否相等。同一场地，采用高差法进行测量，记录表单见1-2。

表1-2　高差法水准记录表单

测点	后视（a）	前视（b）	高差（h）		高程（H）	备注
			+	−		
BM1	1.672①				43.714④	43.714（已知）
			0.570③			
转点	1.516	1.102②			44.284+2⑤	
			0.162			
A	1.554	1.354			44.446+4	4.450
				0.061		
B	1.217	1.615			44.385+6	44.391
				0.061		
BM2		1.278			44.324+8	44.332（已知）
计算校核	$\sum a=5.959$；$\sum b=5.349$；$\sum h_{测}=0.610$；$\sum h_{理}=H_2-H_1=0.618$					

（续）

测点	后视（a）	前视（b）	高差（h）	高程（H）	备注
成果校核	f_h=（44.324−44.332）m=−0.008m=−8mm $f_{h容}=\pm12\sqrt{n}=\pm12\sqrt{4}$mm=±24mm，经比较$\|f_h\|<\|f_{h_容}\|$，可以平差 f_h/n=−8mm/4=−2mm，反号平差，逐站累计递增				

计算步骤总结如下：

第一步：填入已知高程与测量数据（注意对应测点行标）。

第二步：根据已知数据与测量数据推算出关联点高程并填入表格。

第三步：数据检核，用后视之和$\sum a$与前视之和$\sum b$，计算测量高差，与理论高差比较。

第四步：闭合差校核，比较闭合差f_h与容许闭合差$f_{h容}$，若在容许范围内，方可平差（注意反号累计递增）。

第五步：按照高程平差值，调整待测点高程。

注意核对平差后终点的推算高程值与已知数值是否相等。

2.5 自动安平水准仪、精密水准仪、电子水准仪简介

（1）自动安平水准仪

1）工作原理：与普通水准仪相比，在望远镜的光路上加了一个补偿器。

2）使用方法：粗平后，望远镜内观察警告指示窗呈现绿色，方可读数；最佳状态是指示窗的三角形尖顶与横指标线平齐。

3）检校：与普通水准仪相比，要增加一项补偿器的检验，即：转动脚螺旋，看警告指示窗是否会因为视线变动而出现红色，用来检查补偿器是否有效。

（2）精密水准仪（每公里往返平均高差中误差1mm）

1）精密水准仪：能够提供更加精准的水平视线和精确读数。

2）精密水准尺：刻度精确（铟钢带水准尺）。

3）读数方法：精平后，转动测微螺旋，使十字丝的楔形丝精确夹准某一整分划线；读数时，将整分划值和测微器中的读数合起来。

（3）电子水准仪　自动安平、显示读数和视距，与计算机数据连接，避免了人为观测误差。

【拓展实践】

1）开拓闭合水准路线的高差计算方法。

2）搜索水准仪的检验与校正方法。

3）探索表1-3中附合水准路线的成果整理。

表 1-3　附合水准路线成果整理表单

测点	测站数	高差（h）			高程（H）	备注
		观测值	改正数	调整值		
BM1					43.714	已知高程
	1	0.570				
转点						
	1	0.162				
A						
	1	−0.061				
B						
	1	−0.061				
BM2					44.332	已知高程
计算校核						
成果校核						

测量小故事

2020 年我国重测珠峰高度

2020 年 12 月 8 日，国家主席习近平同尼泊尔总统班达瑞互致信函，共同宣布珠穆朗玛峰（珠峰）最新高程 8848.86m。珠峰登顶照如图 1-24 所示。

图 1-24　2020 年我国重测珠峰登顶照

此前我国已对珠峰进行过 6 次大规模的测绘和科考工作，并先后于 1975 年和 2005 年两次成功测定并公布珠峰高程。其中，2005 年珠峰高程复测，获得珠穆朗玛峰峰顶岩石面海拔（高程）8844.43m。

珠峰地区环境复杂、气候多变，每年只有 5 月是适合攀登的窗口期。1975 年 5 月 27 日，我国首次将测量觇标竖立在珠峰峰顶，并精确测得珠峰海拔（高程）为 8848.13m。45 年后的同一天，2020 年 5 月 27 日，新一代测量队队员历经三次冲顶、两番下撤，终于成功登顶，将红色觇标再次立上世界之巅。2005 年珠峰高程测量时，包括雪深雷达、GNSS（全球导航卫星系统）等设备都是从国外进口的，15年后的今天，我们使用的都是国产设备，并且圆满完成了任务。这次珠峰高程测量，在我国测绘史上创造了多个“首次”：我国自主研制的北斗卫星导航系统首次应用于珠峰峰顶大地高的计算，人类首次实现了实测珠峰峰顶重力值，全世界第一次在珠峰地区建立全球高程基准等。重力测量数据异常珍贵，对于研究地壳和冰川变化具有重要的意义。2005年时，我们把重力测量推进到海拔7790m，这次我们使用国产重力仪，一直推进到峰顶。到海拔8300m时，测量队队员们为了保证重力仪稳定，抱着设备在帐篷里守了整整一夜没有休息。

这次取得的高质量测量数据表明，以北斗卫星导航系统和GNSS接收系统为代表的一批“中国制造”经受住了极高海拔、极寒环境的检验，在世界最高峰彰显了中国品质和中国精度。

任务实施与评价：

任务工单 2（自测）

项目名称	工程测量技术基础	任务名称	水准测量
训练方式	理论习题	学时分配	3
姓名		个人得分	
日期		小组得分	
学期成绩		得分占比	
任务习题：（每空 2.5 分，共 100 分）			

1. 测量地面点位高程的工作称为高程测量。根据方法不同可分为____________、____________、____________。其中____________种方法最为常用。

2. 水准测量的原理是利用____________提供的____________，分别读出两个地面点上水准尺读数，由此读数计算出____________，再根据____________由已知点的高程推算出待测点的高程。

3. 由水准测量原理推导出的两种测量方法是____________、____________，其中第一种方法适用于________________________任务，第二种方法适用于完成________________________任务。

4. 高差法和仪器高法的计算公式分别是__________________、__________________。从公式表达可以看出，测绘是求得某点的____________；放样是求得某点的____________。

5. 后视点后视读数是指________________________，通常用字母______表示。转点是指________________________。视线高程用公式表示为________________________。

6. 水准测量的仪器设备包括____________、____________、____________、____________。其中最主要的设备包括____________、____________、____________。

7. 通常水准尺尺面最小划分单位是____________。

8. 测量过程中尺垫的作用是____________________________________。

9. 水准测量的操作步骤为________、________、________、________、________、________。

10. 调平水准仪圆气泡时，两手相对或相分方向旋转脚螺旋，气泡的移动方向跟____________手拇指的移动方向一致。管（符合）水准气泡用____________螺旋调整。

11. 通过望远镜瞄准水准尺时，用____________螺旋调整物像清晰程度，用____________螺旋调整十字丝刻划板清晰程度，均调清后将目镜中十字丝刻划板的纵丝对准水准尺的____________部位。

任务工单3（实操）

项目名称	工程测量技术基础	任务名称		水准测量实施实操	
训练方式	场地实操	学时分配		3	
姓名		个人得分（100分）		团队协作（20分）	
日期				仪器操作（30分）	
学期成绩				数据整理（30分）	
				笔记整理（20分）	

1. 工单任务布置

闭合水准测量实施实操：

第一步：各组按照场地划分安排，踏勘各组控制点BM1，待测点1、2、3位置，再次查验测量仪器、工具是否齐全、好用。

第二步：由组长主持团队成员，在任务工单中（示例图下方）绘制出测量路线草图，按场地地标名称标出控制点、待测点，施测方向（测量内业计算完成后再将测段距离、测段高差后补填入草图），并进行角色分配和角色互换顺序安排。

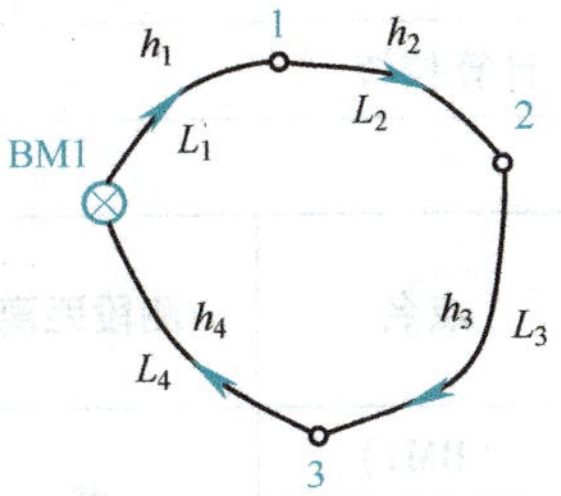

水准路线测量草图示例

第三步：准备外业水准测量记录单，由控制点出发按照草图绘制方向开始测量。每测段测量过程中，记录人员将测量数据正确清晰填入记录单对应单元格，并进行必要的计算。注意只有当本站计算检核验证合格后，方可示意后尺人员搬站。

第四步：外业测量完成后，由组长主持团队成员一起进行内业数据成果整理，计算数据填入成果整理表单，并进行闭合差成果检核。经计算检核合格，表单填写完成，方可收队，整理仪器设备。若数据经检核超限，先核查计算过程是否有误，若验算计算过程无误，则可判定为测量过程问题，须重测。

现场水准路线测量草图

2. 工单任务分析

闭合水准路线的特点是场地已知一个高程点，由该点出发，测量路线方案将待测点包含在内，最后再测回到已知点，计算检核验证测量过程。

【思考】 闭合水准路线与附合水准路线有哪些不同点？

3. 注意事项

1）测量过程严格进行角色互换，用以实现小组成员仪器操作与数据计算方法全方面掌握，遇到问题，团队成员相互协作共同解决。

2）检校仪器，坚实地面上选点设站，前后视距尽量相等。

3）记录人员边记边回报数字，认真求实、准确无误地将数据记入记录表单相应位置，严禁编数、转抄。

4）扶尺人员转点应选择土质坚实处，并踩实尺垫，认真竖直立好水准尺。

5）水准仪搬站时，原前视点扶尺人员应注意保护好尺垫位置不能移动。

6）测量过程中注意保护仪器，做到“仪器不离人”。

4. 任务工单实施

闭合水准路线测量。

（续）

闭合水准路线测量记录单

测站	测点	后视读数/m	前视读数/m	高差/m +	高差/m −	高程/m	备注
1	（BM1）	⑦				0.000	
	①	⑨	⑧				
2	②	⑪	⑩				
	③	⑬	⑫				
3	④	⑮	⑭				
	⑤	⑰	⑯				
4	⑥	⑲	⑱				
	（BM1）		⑳			0.000	
计算校核							

闭合水准路线测量成果整理表单

点名	测段距离	高差（h）观测值	高差（h）改正数	高差（h）调整值	高程（H）	备注
（BM1）					0.000	已知高程
	㉑					
					㉘	
	㉒	㉕	㉖	㉗		
					㉙	
	㉓					
					㉚	
	㉔					
（BM1）					0.000	已知高程
计算校核						
成果校核						

【思考】 改正数本质上改正的是什么？

任务总结：本次任务为水准测量实施，知识结构梳理如图1-25所示。

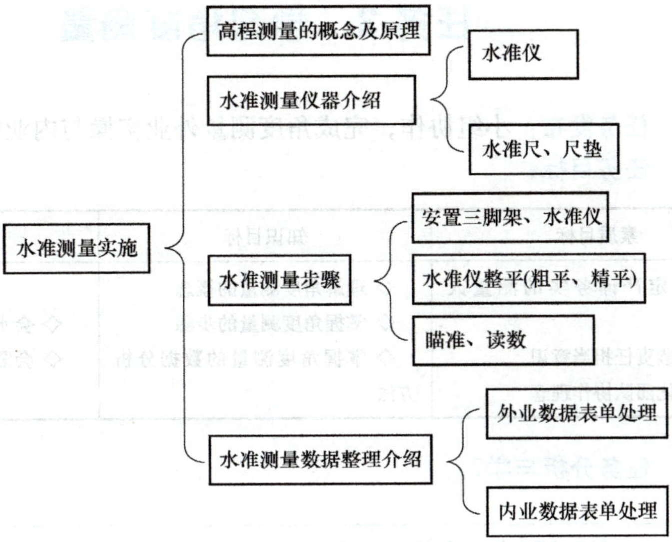

图1-25 任务2知识点总结

任务3　学习角度测量

任务发布： 小组协作，完成角度测量外业实操与内业数据处理。

任务目标：

素质目标	知识目标	能力目标
◇ 坚定严谨务实的测量人品质 ◇ 塑造责任担当意识 ◇ 强化团队协作理念	◇ 理解角度测量的概念 ◇ 掌握角度测量的步骤 ◇ 掌握角度测量的数据分析方法	◇ 会水平角的测量方法 ◇ 会竖直角的测量方法

角度测量基本概念

任务分析与学习：

3.1 角度测量的基本概念

角度是工程测量三大基本要素之一，是确定地面点位不可或缺的一个重要量值。角度包括水平角和竖直角两种形式，水平角是为了确定地面点的平面位置，竖直角可以间接确定地面点的高程。测量角度的常用仪器是经纬仪。

3.1.1 水平角测量概念原理

从一点出发的两条空间直线在某一水平面上投影形成的夹角即二面角，称为水平角。其取值范围为顺时针 0°～360°。通常用字母 β 表示。

如图 1-26、图 1-27 所示，A、B、C 为地面上任意三个空间点，将三点沿铅垂线方向投影到某水平面上，得到相应的 A'、B'、C' 点，则水平面上的夹角 β 即为地面 BA、BC 两方向线间的水平角。

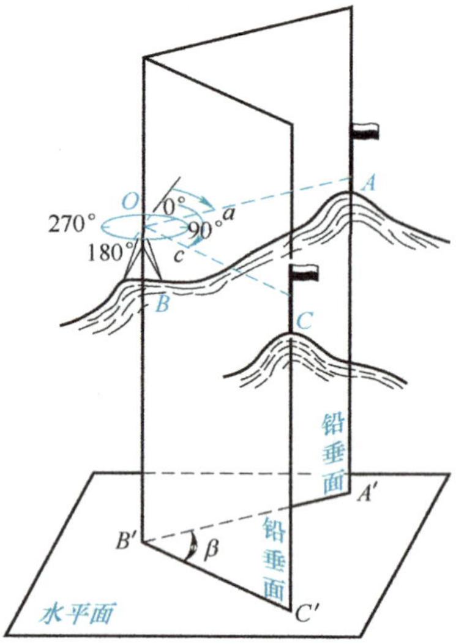

图 1-26　水平角概念

由此可知测量水平角的仪器应满足的条件为：

1）有水平放置的圆盘，圆盘上有顺时针方向注记的 0°～360°刻度。

2）圆盘的中心在角顶点 O 的铅垂线上。

3）有一个能瞄准目标的望远镜，望远镜不但可以在水平面内任意转动，还应能在竖直面内任意转动。

通过望远镜可分别瞄准高低和远近不同的目标 A 和 C，并可在圆盘获得相应的读数 a 和 c，则水平角 β 即为两个读数之差，即

$$\beta=c-a$$

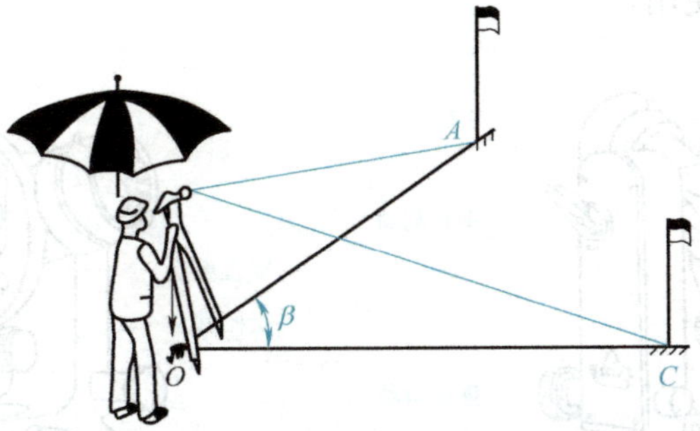

图 1-27　水平角测量原理

3.1.2　竖直角测量概念原理

在同一竖直面内，目标视线与水平视线的夹角称为竖直角。其取值范围为 0°～±90°。通常用字母 α 表示。

如图 1-28、图 1-29 所示，当目标视线位于水平视线之上，竖直角为正，又称为仰角；反之当目标视线位于水平视线之下，竖直角为负，又称为俯角。目标方向与天顶方向（即铅垂线的反方向）所构成的夹角称为天顶距，通常用字母 Z 表示，取值范围为 0°～180°。

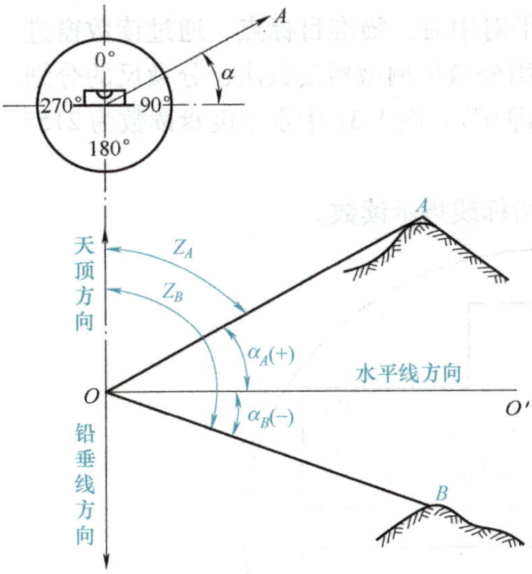

图 1-28　竖直角概念

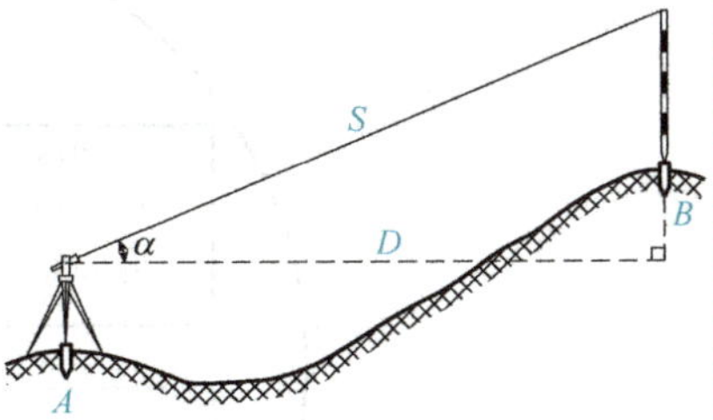

图 1-29　竖直角测量原理

3.1.3　角度测量仪器介绍

角度测量的常用仪器是经纬仪或全站仪。经纬仪常用的有 DJ6、DJ2 两种型号。型号中字母 D 表示“大地”，字母 J 表示“经纬仪”，数字表示一测回方向观测中误差分别为6″、2″。下面通过对DJ6型经纬仪的介绍，如图1-30所示，了解经纬仪的构造及使用。

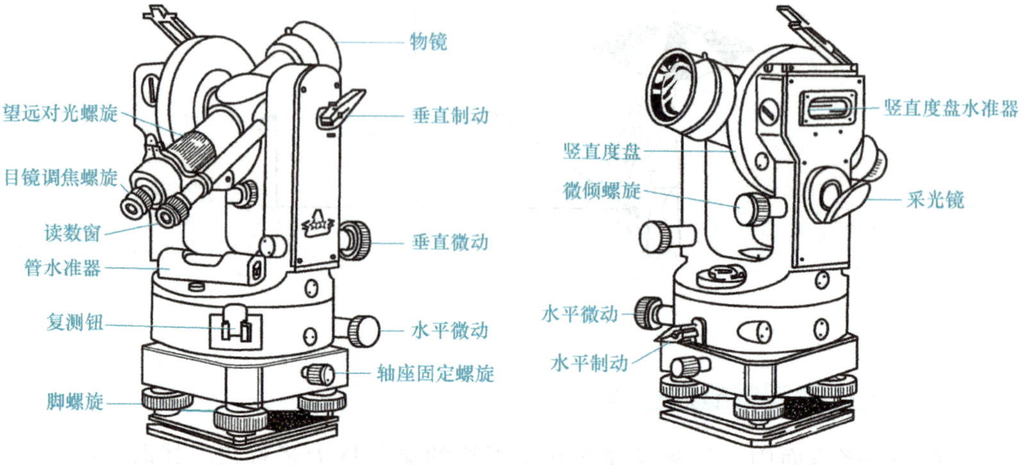

图1-30　DJ6型经纬仪的构造

DJ6型经纬仪主要由三部分组成：照准部、水平度盘、基座。其中照准部的功能是瞄准目标进行读数，水平度盘的功能是记录水平角的读数，基座的功能是提供一个水平面。

进行角度测量时（具体方法见后续“角度测量步骤”），将经纬仪连接三脚架，仪器架设到待测地面点上，经纬仪调平对中后，瞄准目标点，通过读数窗进行读数，如图1-31所示。DJ6型经纬仪采用分微尺测微器读数法，分微尺的分划值为1′，秒值为估读数字，估读到0.1′（即6″）。图1-31中水平度盘读数为215°07′30″，竖直度盘读数为78°52′30″。

注意：微尺读数要读取0刻度后面的指标线指示读数。

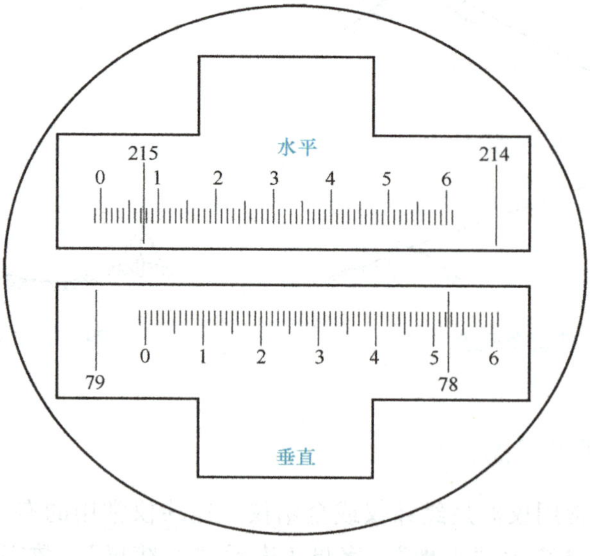

图1-31　DJ6型经纬仪读数窗

3.1.4　角度测量步骤

根据角度测量原理，在测量角度时应将经纬仪安置在测量角的顶点上（测站点），使仪器中心与测量角顶点在同一铅垂线上，并使水平度盘水平。以上两项操作，前者称为对中，后者称为整平。对中的目的是把经纬仪的中心安置在测站点的铅垂线上；整平的目的是使经纬仪的竖轴处于铅垂线上，同时水平度盘处于水平。经纬仪测量角度的操作步骤大致如下：

1）安置经纬仪。

2）对中。

3）整平。

4）照准读数。

具体操作方法如下：

1）将三脚架安置于测站点上，目估架头大致水平，同时注意仪器高度适中，安上仪器，固定中心螺旋，转动目镜调焦螺旋使中心圈清晰，使测站点成像清晰，然后将一个架腿插入地面固定，用两手握住另外两个架腿，并移动这两个架腿，直至测站点的中心位于圆圈的内边缘处或中心，使仪器中心大致对中，停止转动脚架并将其踏实。注意基座面要保持基本水平。

2）调节脚螺旋，使测站点中心处于圆圈中心位置。

3）伸缩架腿，使圆气泡居中。

4）调节脚螺旋，使水准管气泡居中。调节方法如图1-32所示。

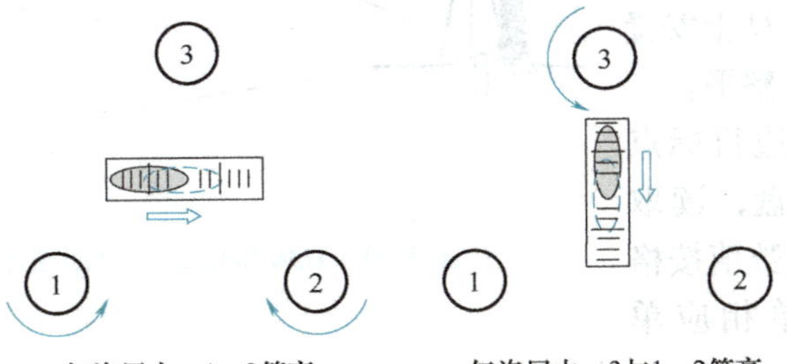

图1-32　DJ6型光学经纬仪水准管气泡调节方法

整平是利用基座上的三个脚螺旋，使照准部管水准器在相互垂直的两个方向上气泡都居中，具体做法：转动仪器照准部，使管水准器平行于任意两个脚螺旋的连线方向，两手同时向内或向外旋转这两个（如图1-32中1、2号所示）脚螺旋，使气泡居中，然后将照准部旋转90°，调节第3个脚螺旋，使气泡居中。如此反复进行，直至照准部管水准器在任意位置气泡均居中为止。

5）检查测站点是否位于圆圈中心，若相差很小，可小幅度平移基座，使其精确对中（注意仪器不可在基座面上转动），如此反复操作直到仪器对中和整平均满足要求为止。

6）照准读数。测角时要照准目标，由于现场目标地面点常常被杂草、土块等遮挡，无法直接瞄准目标点，所以通常是通过竖立于目标地面点上的标杆、测钎或觇牌进行瞄准。测水平角时，以望远镜的十字丝的纵丝照准目标，操作方法是用光学瞄准器粗略瞄准目标，进行目镜瞄准，使十字丝清晰，调节物镜对焦螺旋，使成像清晰，并注意消除视差的影响。准确照准目标，使十字丝的单丝和垂线重合，用垂线平分十字丝双丝。若为标杆、测钎等粗目标时，用十字丝的单丝平分目标，目标位于双丝中央。最后按照前面所述的读数方法进行读数。

精度要求：对中≤±3mm；整平≤±1 格。

【拓展实践】 了解 DJ2 型经纬仪在构造及使用上与 DJ6 型经纬仪有哪些不同。

测回法角度测量

电子经纬仪的使用实操

测回法角度测量实操

3.2 测回法水平角测量

水平角的测量方法根据测量精度要求和选用的仪器，以及目标点个数而定，测量水平角常用的方法有测回法、方向观测法（后续详述）。测回法适用于两个目标点方向的水平角测量，下面主要说明测回法测量水平角，如图 1-33 所示，测量水平角 $\angle AOB$。

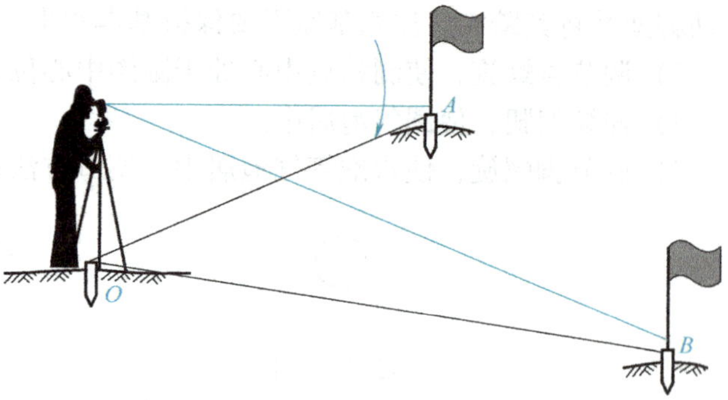

图 1-33 DJ6 型经纬仪测回法水平角测量

观测步骤如下：

1）在地面点 O 上安置经纬仪，并对中、整平。

盘左瞄准左边目标点 A，配置水平度盘，读取 a_1 为 00°01′12″，数值按格式要求填入表单相应单元格。

2）顺时针旋转望远镜筒瞄准右边目标点 B，读取 b_1 为 70°13′48″，数值填入表单。计算上半测回角值：$\beta_1 = b_1 - a_1 = 70°13'48'' - 00°01'12'' = 70°12'36''$，将上半测回水平角值记入表单。

3）翻转望远镜筒成盘右状态，瞄准右边目标点 B，读取 b_2 为 250°13′54″，数值记入表单。

4）逆时针旋转望远镜筒，瞄准左边目标点 A，读取 a_2 为 180°01′24″，数值记入表单。计算下半测回角值：$\beta_2 = b_2 - a_2 = 70°12'30''$，记入表单。

5）计算上半测回与下半测回两次测量得出的水平角之差，并与测量精度对应限差值相比较，若在限差范围之内（本值为 6″），则计算一测回角值，公式如下：

$$\beta = (\beta_1 + \beta_2)/2 = (70°12'36'' + 70°12'30'')/2 = 70°12'33''$$

注意：图根级测量精度限差值为 $\beta_1 - \beta_2 \leqslant \pm 40''$。

【例 1-1】　测回法水平角测量记录表单见表 1-4。

表 1-4　测回法水平角测量记录表单

测站	盘位	目标	水平度盘读数 /(°)(′)(″)	水平角/(°)(′)(″)	
				半测回角值	测回值
O	左	*A*	00 01 12	70 12 36	70 12 33
		B	70 13 48		
	右	*B*	250 13 54	70 12 30	
		A	180 01 24		

为减少度盘分划差异造成的误差，可观测 n 个测回，各测回间应按 $180°/n$ 的差值来配置盘左目标水平度盘起始读数值。

测回法水平角测量的观测顺序，总结如下：

盘左左侧目标 $\xrightarrow{\text{顺时针}}$ 右侧目标 $\xrightarrow{\text{翻转}}$ 盘右右侧目标 $\xrightarrow{\text{逆时针}}$ 左侧目标

3.3 方向观测法水平角测量

当一个测站上有三个或三个以上的目标观测方向时，适合采用方向观测法进行水平角测量，方向观测法是以所选定的起始方向（又称零方向）开始，依次观测各方向相对于起始方向的水平角，也称方向值。两任意方向值之差，就是这两个方向之间的水平角。如图 1-34 所示，若目标方向超过三个，则须在每个本测回末尾再观测一次零方向（称归零），两次观测零方向的读数应相等或差值不超过规定限差要求，其差值称为归零差。由于重新找准零方向时，照准部已经旋转 360°，因此这种测量水平角的方法又称为全圆方向法或全圆测回法。下面就其观测步骤、记录、计算及精度要求作详细介绍。

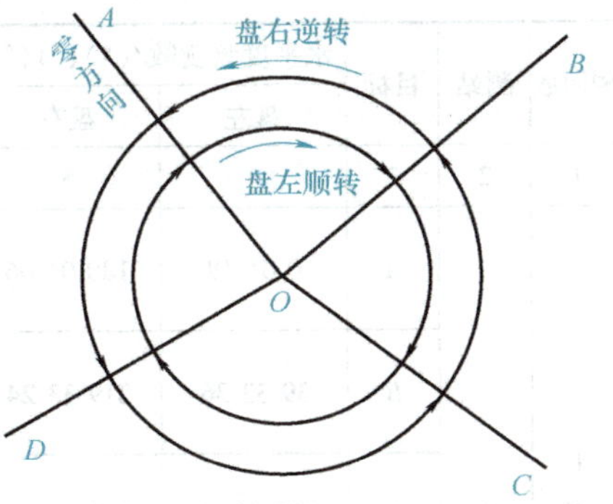

图 1-34　DJ6 型经纬仪方向观测法水平角测量

方向观测法
角度测量

观测步骤如下：

1）安置经纬仪于测站点 *O*，对中、整平。

2）盘左位置选定一个鲜明的目标方向（*A* 点）为起始方向（也称零方向），并配置水平度盘读数使其略大于零。转动测微轮使指针分划吻合（尽量减少估读误差），读取 *A* 方向水平度盘读数，同样以顺时针方向转动照准部，依次瞄准 *B*、*C*、*D* 点并读数，检核数据。最后再一次瞄准 *A* 点并读数，称为归零。以上称为上半测回。

3）翻转望远镜筒为盘右位置，瞄准 *A* 点读取水平度盘的读数，依次逆时针方向转动照准部，瞄准 *D*、*C*、*B*、*A* 点，将各方向读数按观测顺序记入观测记录单。以上称为下半测回。

上下半测回合称为一个测回。需要观测多个测回时，各测回起始方向应按180°/n，变换度盘盘左起始位置。

置盘方法：照准起始目标后，按下转动拨盘置盘读数。完成后将拨盘手轮弹起即可。

数据记录与计算：

1）$2C$ 值（2 倍视准轴误差）:$2C$=盘左读数-(盘右读数±180°)。

一测回内 $2C$ 互差，对于 DJ6 型经纬仪不作要求。

2）半测回归零差：对于 DJ6 型经纬仪 $\Delta \leqslant 18''$。

3）各方向盘左、盘右读数的平均值：

平均值=[盘左读数+(盘右读数±180°)]/2

注意：零方向观测两次，应将平均值再取平均。

4）归零方向值：将各方向平均值分别减去零方向平均值，即得各方向归零方向值。

5）各测回归零方向值的平均值：同一方向值各测回间互差，对于 DJ6 型经纬仪 $\Delta \leqslant 24''$。

【例 1-2】 方向观测法水平角测量记录表单见表 1-5。

表 1-5　方向观测法水平角测量记录表单

测回数	测站	目标	水平度盘读数/(°)(′)(″)		平均读数/(°)(′)(″)	方向值/(°)(′)(″)	归零方向值/(°)(′)(″)	水平角/(°)(′)(″)
			盘左	盘右				
1	2	3	4	5	6	7	8	9
1测回	O	A	0 01 18	180 01 06	(0 01 15) 0 01 12	0 00 00	0 00 00	
		B	39 33 36	219 33 24	39 33 30	39 32 15	39 32 17	39 32 17
		C	105 45 48	285 45 36	105 45 42	105 44 27	105 44 28	66 12 11
		D	171 19 30	351 19 24	171 19 27	171 18 12	171 18 00	65 33 32
		A	0 01 24	180 01 12	0 01 18			
			$\Delta_{左}=+6''$	$\Delta_{右}=+6''$				
2测回	O	A	90 02 24	270 02 18	(90 02 20) 90 02 21	0 00 00		
		B	129 34 48	309 34 30	129 34 39	39 32 19		
		C	195 46 54	15 46 42	195 46 48	105 44 28		
		D	261 20 24	81 20 12	261 20 18	171 17 48		
		A	90 02 18	270 02 18	90 02 18			
			$\Delta_{左}=-6''$	$\Delta_{右}=0''$				

方向观测法水平角测量的观测顺序，总结如下：

盘左顺时针 A、B、C、D、A $\xrightarrow{翻转}$ 盘右逆时针 A、D、C、B、A

【拓展实践】 了解使用 DJ2 型经纬仪水平角测量与 DJ6 型经纬仪水平角测量有哪些不同点。

3.4 竖直角测量

竖直角度测量

3.4.1 竖直角概念

竖直角是指在同一竖直面内，水平视线到目标视线间的夹角，也称高度角或垂直角，通常用字母 α 表示。若方向线在水平视线之上，竖直角为仰角，用“$+\alpha$”表示；若方向线在水平视线之下，竖直角为俯角，用“$-\alpha$”表示。其角值范围为 $0°\sim\pm90°$。

天顶距是指测站点铅垂方向线上的天顶方向至观测方向线间的夹角。通常用字母 Z 表示，取值范围为 $0°\sim180°$，它与竖直角之间的关系是 $Z=90°-\alpha$，如图 1-35所示。

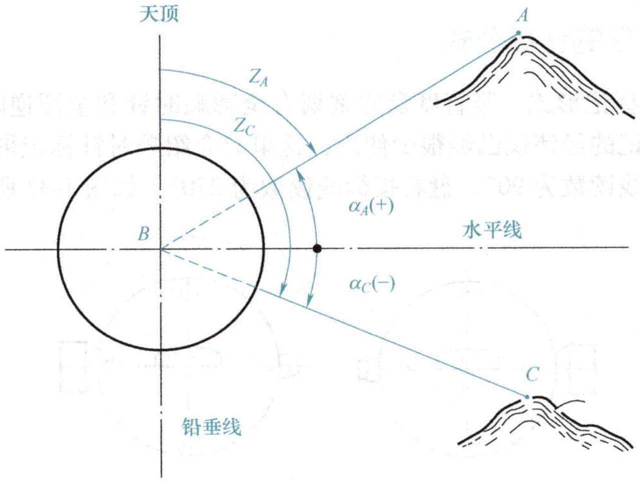

图 1-35　竖直角与天顶距概念

3.4.2 竖直角测量原理

在望远镜横轴的一侧，竖直设置一个刻度盘（竖直度盘），竖直度盘中心与望远镜横轴中心重合，度盘平面与横轴轴线垂直，当视线水平时指标线所指度盘读数为一固定值，当望远镜旋转瞄准目标时，竖盘随着转动，望远镜照准目标时度盘读数与望远镜水平方向时度盘固定读数之差即为竖直角，如图 1-36 所示。

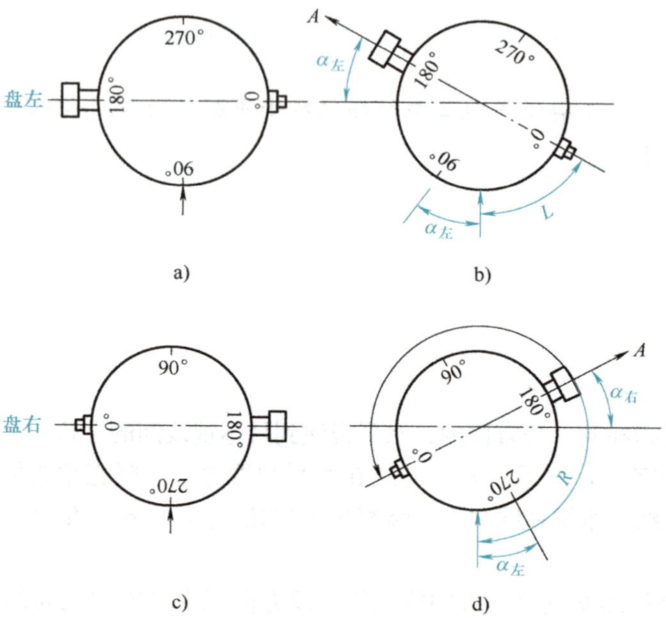

图 1-36　竖直角测量原理

3.4.3　竖直角的计算公式

（1）竖盘标记形式　竖直度盘的刻划有全圆顺时针和全圆逆时针两种形式，逆时针方向标记的经纬仪已经很少使用，这里只介绍顺时针标记形式，当视线水平时盘左指标线读数为 90°，盘右指标线读数为 270°，如图 1-37 所示。

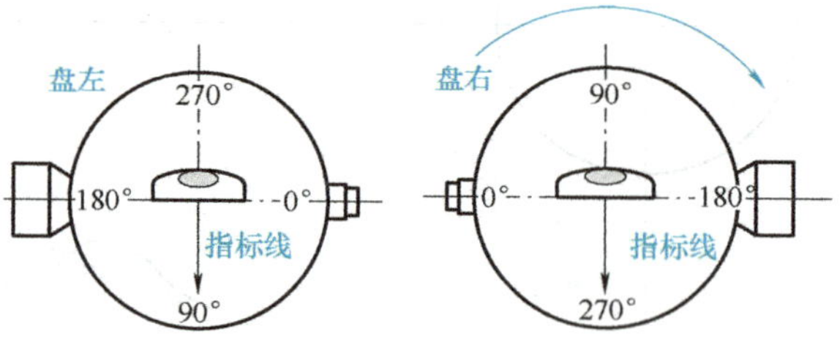

图 1-37　竖盘顺时针标记形式

（2）竖直角计算公式　以全圆顺时针形式为例。设 α_L 为盘左时观测目标点的竖直角，α_R 为盘右时观测目标点的竖直角，盘左竖盘读数为 L，盘右竖盘读数为 R，根据竖直角计算原理，计算公式为

$$\alpha_L = 90° - L$$
$$\alpha_R = R - 270°$$

如图 1-37 所示，竖盘位置处于盘左状态，视线水平时指标线读数为 90°。望

远镜上仰，视线随之向上倾斜，指标线读数减小，根据竖直角计算公式，竖直角为正值，称为仰角，反之竖直角为负值，称为俯角。竖盘位置处于盘右状态，视线水平时指标线读数为270°。望远镜上仰，视线随之向上倾斜，指标线读数增大，根据竖直角计算公式，竖直角为正值，称为仰角，反之竖直角为负值，称为俯角。

盘左得出一个竖直角，称为上半测回竖直角值，盘右也得出一个竖直角，称为下半测回竖直角值，两个半测回合到一起称为一个测回。最终应该取哪个值呢？为了取值精确，取盘左、盘右的竖直角平均值作为最后结果。计算公式如下：

$$\alpha=(\alpha_L+\alpha_R)/2$$

（3）竖盘指标差　上述竖直角计算公式是根据竖盘的构造和标记形式特点，即视线水平，竖盘自动归零时，竖盘指标线理想化地刚好指在正确的读数90°或270°上，但由于仪器在使用过程中受到振动或者制造上不严谨，导致指标线位置偏移，形成差值，此差值称为竖盘指标差，用X表示。由于指标差的存在，盘左读数和盘右读数都差了一个X值。当偏移方向与竖盘注记增加方向一致时，X为正，反之为负。正确的竖直角应对竖盘读数进行指标差改正。竖直角计算公式应为

$$\text{盘左:}\alpha=(90°+X)-L=\alpha_L+X$$
$$\text{盘右:}\alpha=R-(270°+X)=\alpha_R-X$$

当进行竖直角平均值计算时，将上述两式相加，发现计算过程中可以将指标差正负抵消掉：

$$\alpha=(\alpha_L+\alpha_R)/2=(R-L-180°)/2$$

因此，用盘左、盘右取平均值测得竖直角，可以消除指标差的影响。根据上述公式推导，指标差计算公式如下：

$$X=(\alpha_R-\alpha_L)/2=(L+R-360°)/2$$

同一台仪器的指标差，在短时间段内理论上为固定值，DJ6型经纬仪进行一般测量工作各测回时指标差互差不超过25″，视为符合要求。

3.4.4　竖直角的观测步骤

根据竖直角的测量原理，观测步骤如下：

1）安置仪器于测站点O，对中、整平后，打开竖盘自动归零装置。

2）盘左位置瞄准A点，用十字丝横丝照准或相切目标点，读取竖直度盘的读数，记入观测记录表单，这样就完成了上半测回的观测。

3）将望远镜翻转成盘右状态，瞄准A点读取竖直度盘的读数，记入观测记录表单，这样就完成了下半测回的观测。

上、下半测回合称为一个测回，根据测量精度需要，可进行多个测回的观测，最后取其平均值作为最终结果。

【例1-3】　竖直角观测测站点为O，目标点为A、B两点，选用DJ6型经纬仪进行竖直角测量，观测记录及竖直角数据计算见表1-6。

表 1-6 竖直角测量记录表单

测站	目标	盘位	竖盘读数/(°)(′)(″)	半测回竖直角/(°)(′)(″)	指标差/(″)	一测回竖直角/(°)(′)(″)
O	A	左	48 17 36	41 42 24	12	41 42 36
		右	311 42 48	41 42 48		
	B	左	98 28 40	-8 28 40	-13	-8 28 53
		右	261 30 54	-8 29 06		

按照竖直角计算公式进行目标点竖直角上半测回、下半测回观测，并计算指标差（核查限差值符合要求），计算一测回竖直角平均值。

【拓展实践】

1）探索 DJ6 型经纬仪的检验与校正方法。

2）了解 DJ2 型经纬仪各项限差标准。

测量小故事

建立神州大地上的“天元”

“天元”是围棋棋盘的中心位置，测绘人常将大地原点比作测量地理位置的“天元”。然而新中国成立初期没有一张精确的全国地图。

从各项经济建设到外交国防，人类在地球上从事的各种活动无一不和地理位置联系在一起，因此，要精确描述地球形状和确定地面上点的地理位置，急需大地原点坐标。以大地原点为起算点，即可精确确定我国领土范围内任意位置的地理坐标，从而为经济、国防建设提供基础地理信息数据。

大地原点的建立解决了参考椭球的定位问题。即在我国领土范围内，大地原点作为定位基础，将大地水准面（地球表面）与参考椭球面的关系固定下来，并使二者基本吻合，使全国的测量有一个统一的、标准的、切合我国实际的大地坐标系——1980 西安坐标系。我国大地原点如图 1-38 所示。

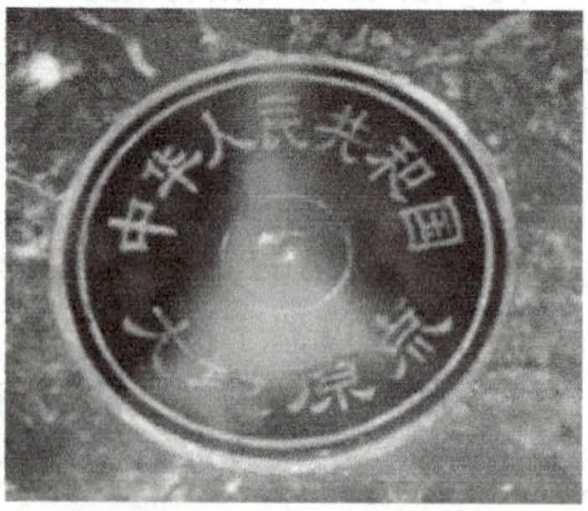

图 1-38 我国大地原点

新中国成立之初，我国沿用了苏联的坐标系，该坐标系原点位于列宁格勒（今圣彼得堡）的普尔科夫天文台，距北京 1.1 万多 km。由于距离遥远，在我国境内测绘过程中会造成很大的误差，据此传递到我国东部沿海，误差高达 60m，传递到南沙群岛误差更大，直接影响着经济建设和国防建设。

因此，早在20世纪70年代，我国就决定建立自己的大地原点与大地坐标系，其中大地原点的选点与建设是整个大地基准设置的重要环节。

据亲历者回忆，1975年3月，在国家大地测量工作座谈会上，提出了建立我国大地原点的设想，并对于选点提出了六个要求，国测第一大地测量队承担起了选点任务。1975年11月成立了以王育城为组长的设计勘选组，具体负责选点。勘选组对全国可能设置原点的地方进行了初步筛选，重点对武汉、郑州、兰州的地形、地质以及大地构造等因素进行实地考察，综合分析后，把选点范围逐步缩小到以西安为中心的宝鸡至华阴和铜川一带。在后期攻坚阶段，勘选组成员蹬着自行车，奔走于各个地质队，收集这些地方的地质和地震资料，并赴实地进行察看和调查，后在泾阳县的永乐镇发现了一个约10m、占地约0.67hm^2（10亩）的大平台，经过钻探和地质、地震资料的分析，勘选组认定这里是设置大地原点的理想场所。

1976年1月8日，中科院专家们肯定了勘选组的工作，经过严格论证，一致同意大地原点的选址方案。我国的大地原点坐标位置就这样确定下来了。

任务实施与评价：

任务工单 4（自测）

项目名称	工程测量技术基础	任务名称	角度测量基本概念
训练方式	理论习题	学时分配	2
姓名		个人得分	
日期		小组得分	
学期成绩		得分占比	

任务习题：（每空 2 分，共 100 分）

1. 角度测量包括____________、____________。其中____________是为了确定____________的位置。______是为了间接确定地面点的____________，常用的测量角度的仪器是____________。

2. 水平角是指________________________，取值范围是______，通常用字母______表示。

3. 测量水平角，仪器应满足的条件：____。水平角计算公式为____________________。

4. 竖直角是指________________________，取值范围是________________________，通常用字母____________表示。

5. 竖直角目标视线位于水平视线之上，竖直角为________________________，称为____________。反之竖直角为________________，称为____________。

6. 角度测量仪器常用的型号为______、______两种。型号代号中字母______代表______，字母______代表______，数字______代表______。

7. DJ6 型经纬仪，主要由三部分组成：____________、____________、____________。DJ6 型经纬仪分微尺最小分划值是____________，估读到____________，即____________。

8. 角度测量的大致步骤是____________、____________、____________、____________。

9. 管水准器气泡整平需要调整两次，整平是利用基座上的三个脚螺旋，使照准部管水准器在相互垂直的____________上气泡都____________，期间当管水准器在两个脚螺旋连线方向上水平后需要将照准部旋转______，再一次调平，才认为将水平度盘调平。

10. 竖直角计算公式是根据______和______特点，即视线水平，竖盘______时，竖盘指标线理想化地刚好指在正确的读数______或______上，但由于仪器在使用过程中受到______或者制造上不严谨，导致指标线______，形成______，此______称为______。

任务工单5（实操）

<table>
<tr><td>项目名称</td><td>工程测量技术基础</td><td colspan="2">任务名称</td><td colspan="2">测回法水平角测量实操</td></tr>
<tr><td>训练方式</td><td>场地实操</td><td colspan="2">学时分配</td><td colspan="2">2</td></tr>
<tr><td>姓名</td><td></td><td rowspan="4">个人得分（100分）</td><td rowspan="4"></td><td>团队协作（20分）</td><td></td></tr>
<tr><td>日期</td><td></td><td>仪器操作（30分）</td><td></td></tr>
<tr><td rowspan="2">学期成绩</td><td rowspan="2"></td><td>数据整理（30分）</td><td></td></tr>
<tr><td>笔记整理（20分）</td><td></td></tr>
</table>

1. 任务布置

第一步：各组按照场地划分安排，场地踏勘地面点 O，目标点 A、B 位置，再次查验测量仪器、工具是否齐全、完好。

第二步：由组长主持团队成员，在任务工单中（示例图下方）绘制出实地水平角测量草图，按场地地标名称标出相应点位（测量内业计算完成后再将水平角准确值后补填入草图），并进行角色分配和角色互换顺序安排。

第三步：准备测回法水平角测量记录单，从经纬仪安置开始，进行水平角测回法测量（团队成员每人主测一测回）。

第四步：外业测量完成后，由组长主持团队成员一起进行内业数据成果整理，计算数据填入表单，并进行限差检核。经计算检核合格，表单填写完成，方可收队，整理仪器设备。若数据检核超限，先核查计算过程是否有误，若经验算计算过程无误，须组织重测。

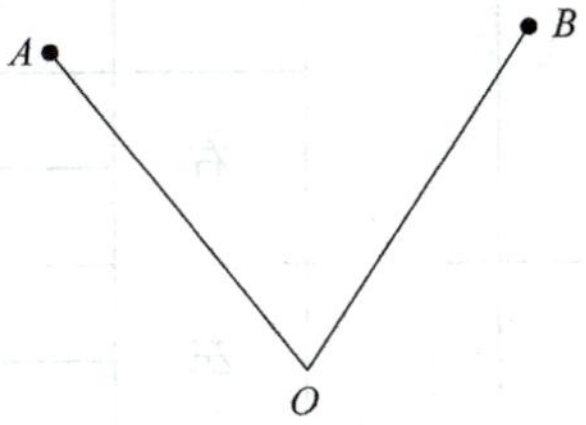

测回法水平角测量草图示例

测回法水平角测量草图

2. 任务分析

测回法适用于两个目标点方向的水平角测量。为了测量结果精确及团队成员实操机会平等，采用4个测回，团队提前计算配置不同测回的起始角值，各测回测量结束，最终取平均值为小组水平角终值。

【思考】 *每测回盘左左侧目标度盘位置变更，目的是什么？*

3. 注意事项

1）测量过程严格进行角色互换，用以实现小组成员仪器操作与数据计算方法全方面掌握，遇到问题团队成员相互协作共同解决。

2）整平过程需要两次调平管水准器气泡。

3）记录人员边记边回报数字，认真求实、准确无误地将数据记入记录表单相应位置，严禁编数、转抄。

4）目标点扶标杆的队员要注意将标杆竖直，保持铅锤方向。

5）测量过程中注意保护仪器，爱护仪器，不准坐仪器箱，做到“仪器不离人”。

4. 任务实施

测回法水平角测量。

（续）

测回法水平角测量表单

测站	测回	盘位	目标	水平度盘读数/(°)(′)(″)	水平角/(°)(′)(″)		
					半测回角值	各测回角值	平均角值
		左					
		右					
		左					
		右					
		左					
		右					
		左					
		右					

注：1. n 个测回，各测回间应按 $180°/n$ 的差值来配置盘左目标水平度盘读数。

2. 图根级水平角测量精度限差为 $\beta_1-\beta_2\leqslant\pm40''$。

任务工单 6（实操）

<table>
<tr><td>项目名称</td><td>工程测量技术基础</td><td colspan="2">任务名称</td><td colspan="2">方向观测法水平角测量实操</td></tr>
<tr><td>训练方式</td><td>场地实操</td><td colspan="2">学时分配</td><td colspan="2">2</td></tr>
<tr><td>姓名</td><td></td><td rowspan="4">个人得分
（100 分）</td><td rowspan="4"></td><td>团队协作（20 分）</td><td></td></tr>
<tr><td>日期</td><td></td><td>仪器操作（30 分）</td><td></td></tr>
<tr><td rowspan="2">学期成绩</td><td rowspan="2"></td><td>数据整理（30 分）</td><td></td></tr>
<tr><td>笔记整理（20 分）</td><td></td></tr>
</table>

1. 任务布置

第一步：各组按照场地划分安排，现场踏勘地面点 O，目标点 A、B、C 位置，再次查验测量仪器、工具是否齐全、完好。

第二步：由组长主持团队成员，在任务工单中（示例图下方）绘制出实地水平角测量草图，按场地地标名称标出相应点位（测量内业计算完成后再将水平角准确值后补填入草图），并进行团队角色分配和角色互换顺序安排。

第三步：准备方向观测法水平角测量记录单，从经纬仪安置开始，进行水平角方向观测法测量（要求团队成员依次参与观测）。

第四步：外业测量完成后，由组长主持团队成员一起进行内业数据成果整理，计算数据填入表单，并进行限差检核。经计算检核合格，表单填写完成，方可收队，整理仪器设备。若数据检核超限，先核查计算过程是否有误，若经验算计算过程无误，须组织重测。

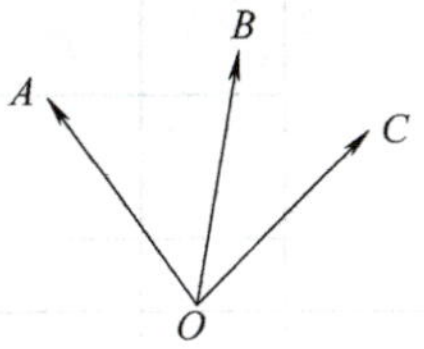

方向观测法水平角测量草图示例

方向观测法水平角测量草图

2. 任务分析

方向观测法适用于有三个及三个以上目标点的多方向水平角测量。为了测量结果精确及团队成员实操机会平等，采用多个测回，最终取平均值为小组水平角终值。

【思考】 成果整理过程中，计算出起始方向归零值，目的是什么？

3. 注意事项

1）测量过程严格进行角色互换，用以实现小组成员仪器操作与数据计算方法全方面掌握，遇到问题团队成员相互协作共同解决。

2）整平过程需要两次调平管水准器气泡。

3）记录人员边记边回报数字，认真求实、准确无误地将数据记入记录表单相应位置，严禁编数、转抄。

4）目标点扶标杆的队员要注意将标杆竖直，保持铅锤方向。

5）测量过程中注意保护仪器，爱护仪器，不准坐仪器箱，做到“仪器不离人”。

6）表单单元格中只填数字不加单位，度（°）分（′）秒（″）之间用空格隔开。

4. 任务实施

方向观测法测量水平角。

（续）

方向观测法水平角测量表单								
测回数	测站	目标	水平度盘读数/(°)(′)(″)		平均读数/(°)(′)(″)	方向值/(°)(′)(″)	归零方向值/(°)(′)(″)	水平角/(°)(′)(″)
			盘左	盘右				
1	2	3	4	5	6	7	8	9

注：1. n 个测回，各测回间应按 $180°/n$ 的差值来配置盘左目标水平度盘读数。

2. $2C$=盘左读数-(盘右读数±180°)，$2C$ 互差限值，对于 DJ6 型经纬仪不作要求。

3. 半测回归零差：对于 DJ6 型经纬仪 $\Delta \leqslant 18''$。

4. 平均值=[盘左读数+(盘右读数±180°)]/2。

5. 同一方向值各测回间互差，对于 DJ6 型经纬仪 $\Delta \leqslant 24''$。

任务工单 7（实操）

项目名称	工程测量技术基础	任务名称		竖直角测量实操	
训练方式	场地实操	学时分配		2	
姓名		个人得分（100 分）		团队协作（20 分）	
日期				仪器操作（30 分）	
学期成绩				数据整理（30 分）	
				笔记整理（20 分）	

1. 任务布置

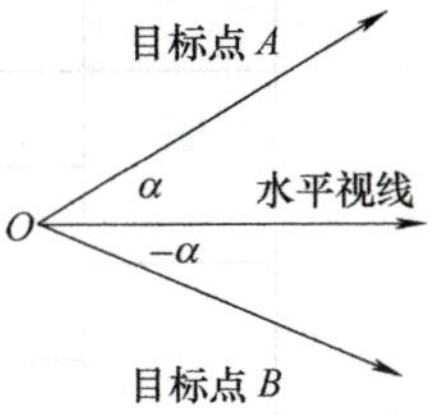

竖直角测量草图示例

第一步：各组按照场地划分安排，现场踏勘地面点 O，目标点 A、B 位置，再次查验测量仪器、工具是否齐全、完好。

第二步：由组长主持团队成员，在任务工单中（示例图下方）绘制出实地竖直角观测草图，按场地地标名称标出相应点位（测量内业计算完成后再将竖直角准确值后补填入草图），并进行角色分配和角色互换顺序安排。

第三步：准备竖直角测量记录单，从经纬仪安置开始，进行竖直角测量（要求团队成员依次参与观测）。

第四步：外业测量完成后，由组长主持团队成员一起进行内业数据成果整理，计算数据填入表单，并进行限差检核。经计算检核合格，表单填写完成，方可收队，整理仪器设备。若数据检核超限，先核查计算过程是否有误，若经验算计算过程无误，须组织重测。

2. 任务分析

竖直角测量是进行目标点相对于视准轴水平视线夹角的观测，观测方法步骤较简单，为了测量结果精确及团队成员实操机会平等，采用 4 个测回，取平均值为小组竖直角终值。

竖直角测量草图

【思考】

1）理解指标差概念从根本上讲，是什么角值？

2）竖直角测量，如何确定竖直度盘是否处于竖直状态？

3. 注意事项

1）测量过程严格进行角色互换，用以实现小组成员仪器操作与数据计算方法全方面掌握，遇到问题团队成员相互协作共同解决。

2）记录人员边记边回报数字，认真求实、准确无误地将数据记入记录表单相应位置，严禁编数、转抄。

3）测量过程中注意保护仪器，爱护仪器，不准坐仪器箱，做到“仪器不离人”。

4）表单单元格中只填数字不加单位，度（°）分（′）秒（″）之间用空格隔开。

4. 任务实施

竖直角测量。

（续）

竖直角观测表单

测站	目标	盘位	竖盘读数/(°)(′)(″)	半测回竖直角/(°)(′)(″)	指标差/(″)	一测回竖直角/(°)(′)(″)	各测回竖直角/(°)(′)(″)

注：DJ6 型经纬仪各测回指标差互差限值不超过 25″。

任务总结：本次任务为实操性质知识，知识点总结如图 1-39 所示。

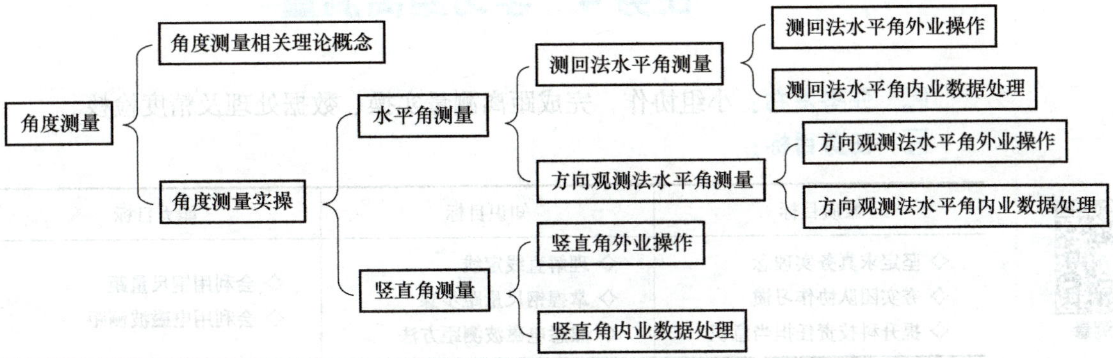

图 1-39　任务 3 知识点总结

距离测量

任务 4　学习距离测量

任务发布： 小组协作，完成距离测量实操、数据处理及精度检核。

任务目标：

素质目标	知识目标	能力目标
◇ 坚定求真务实理念 ◇ 夯实团队协作习惯 ◇ 提升科技责任担当意识	◇ 理解直线定线 ◇ 掌握钢尺量距步骤 ◇ 熟悉电磁波测距方法	◇ 会利用钢尺量距 ◇ 会利用电磁波测距

任务分析与学习：

距离测量就是测量地面上两点之间的水平距离。常用的方法有如下几种：钢尺量距、电磁波测距和视距法测距（视距测量）。

4.1 钢尺量距

钢尺量距是用钢卷尺沿地面直接丈量两地面点间的水平距离。钢尺量距简单，经济实惠，但工作量大，受地形条件限制，适用于平坦地区、小范围的距离测量。

钢尺量距的使用工具一般有钢尺、标杆、垂球、测钎、温度计、弹簧秤。

钢尺是其中的主要工具，又称钢卷尺。钢尺长度有 20m、30m、50m 等几种。钢尺的最小刻划通常为 1cm，在分米和米的刻划处，有数字注记。

测钎用于标定尺终端地面位置，用粗钢丝制成，长为 30cm 或 40cm。

垂球用于对点。

由于制造误差、温度变化、钢尺所受拉力大小的影响，致使钢尺的名义长度（尺上注明的长度）不一定等于该尺的实际长度，测量结果有一定误差。精度要求较高的距离测量，需要对钢尺进行拉力、温度等条件的检定。

【拓展实践】 探寻钢尺拉力、温度检定的具体实施方法。

当地面两点的距离过长或地形起伏较大时，为了便于量距，需要在两点的连线方向上标定出若干点，这项工作称为直线定线。

钢尺量距最基本的要求：定线要直，尺要拉平，拉力、对点、读数要准，前后配合要齐。

定线方法按精度要求有目估法和经纬仪法，如图 1-40 所示。

（1）钢尺一般量距步骤

1）定线（目估法）。

2）丈量。

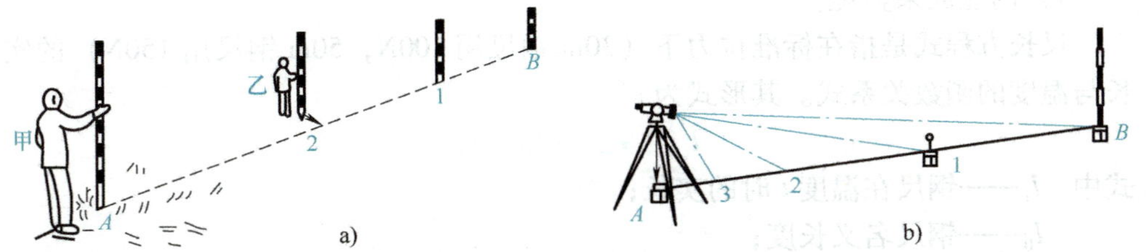

图 1-40　目估法和经纬仪法定线

3）数据成果整理。量距精度用相对误差来衡量。相对误差在限差范围内，取往返测平均值为最后结果。相对误差公式如下：

$$K=\frac{|D_{往}-D_{返}|}{\frac{1}{2}(D_{往}-D_{返})}=\frac{1}{××××}$$

一般量距的相对误差：平坦，$K\leqslant 1/3000$；山区，$K\leqslant 1/1000$。

其中丈量分平坦地面丈量和倾斜地面丈量，如图 1-41、图 1-42 所示。

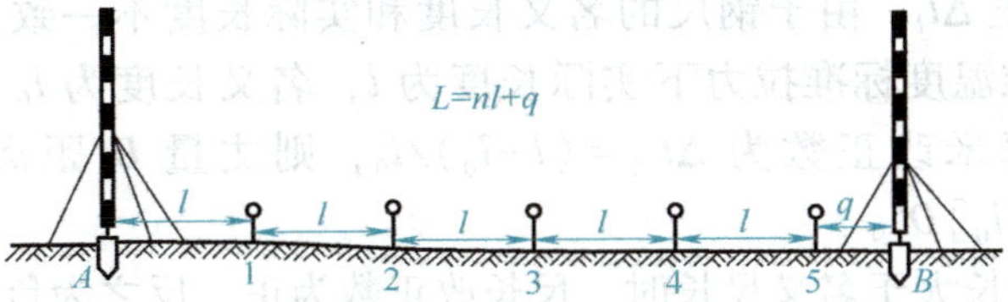

图 1-41　平坦地面丈量

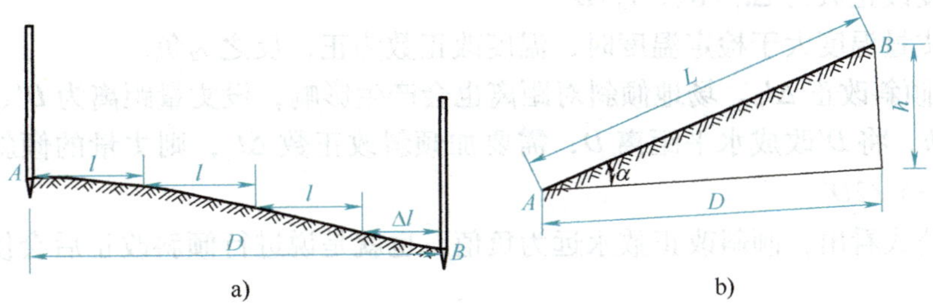

图 1-42　倾斜地面丈量

（2）精密量距步骤

1）经纬仪定线。在桩顶画出十字标记。

2）精密丈量。

① 前尺手用标准拉力拉紧钢尺，同时发出指令，前后尺手同时读数。

② 后尺移动整厘米刻划，按上述方法再测两次，三次较差不超限时（一般不得超过 2~3mm），取平均值作为尺段结果。每测完一尺段，用温度计读取一次温度。

3）测量各桩顶间高差。

4）内业成果整理。

尺长方程式是指在标准拉力下（30m 钢尺用 100N，50m 钢尺用 150N）的实长与温度的函数关系式。其形式为

$$l_t=l_0+\Delta l+\alpha l_0(t-t_0)$$

式中 l_t——钢尺在温度 t 时的实长；

l_0——钢尺名义长度；

Δl——尺长改正数；即钢尺在温度 t_0 时，检定尺长改正数，等于实际长度减名义长度；

α——钢尺的线膨胀系数，其值常取 0.0000125/℃；

t——钢尺量距时的温度；

t_0——钢尺检定时的温度，一般为 20℃。

每根钢尺都要通过尺长方程式算出实际长度，但式中 Δl 会发生变化，所以使用一段时间后必须重新检定，调整新的尺长方程式。

在精密量距中，量得的每尺段长度，应进行尺长改正、温度改正和倾斜改正。

① 尺长改正 Δl_l。由于钢尺的名义长度和实际长度不一致，丈量时就会产生误差，设标准温度标准拉力下实际长度为 l，名义长度为 l_0，则整尺改正数为 $\Delta l_l=l-l_0$；每米改正数为 $\Delta l_{米}=(l-l_0)/l_0$，则丈量 D'距离的尺长改正数为$\Delta l_l=[(l-l_0)/l_0]D'$。

当钢尺的实长大于名义尺长时，尺长改正数为正，反之为负。

② 温度改正 Δl_t。温度的变化对距离会产生影响，设钢尺检定时温度为 t_0（20℃），丈量时温度为 t，钢尺线膨胀系数为 α（0.0000125/℃），则丈量 D'距离的温度改正数为 $\Delta l_t=\alpha(t-t_0)D'$。

当丈量温度大于检定温度时，温度改正数为正，反之为负。

③ 倾斜改正 Δl_h。场地倾斜对距离也会产生影响，设丈量距离为 D'，两点间高差为 h，将 D'改成水平距离 D，需要加倾斜改正数 Δl_h，则丈量的倾斜改正数为 $\Delta l_h=-h^2/2D'$。

由公式看出，倾斜改正数永远为负值，也就是说进行倾斜改正后会使丈量值变小。

④ 全长计算 D。将丈量结果加上上述三项改正数，即 $D=D'+\Delta l_l+\Delta l_t+\Delta l_h$。

检核相对误差是否在限差范围之内，取其平均值为最终丈量结果，若相对误差超出限差值，则须重测。

【例 1-4】 平坦场地丈量地面 A、B 两点的距离，进行三次测量平均距离为 29.9218m，测量温度为 25.5℃，两点高差为-0.152m，尺长名义长度为 30m，尺长检定时标准温度标准拉力下实际长度为 30.0015m。若返测改正后距离为 29.9230m。根据已知条件，计算尺长改正数、温度改正数、倾斜改正数、改正后尺长，并核查精度是否符合要求。

尺长改正数：

$$\Delta l_l=[(l-l_0)/l_0]D'=[(30.0015-30)/30]\times 29.9218\text{m}=0.0015\text{m}$$

温度改正数：

$\Delta l_t = \alpha(t-t_0)D' = 0.0000125\times(25.5-20)\times 29.9218\text{m} = 0.0021\text{m}$

倾斜改正数：

$\Delta l_h = -h^2/2D' = -(-0.152\text{m})^2/(2\times 29.9218\text{m}) = -0.0004\text{m}$

改正后尺长：

$D = D' + \Delta l_l + \Delta l_t + \Delta l_h = 29.9218\text{m} + 0.0015\text{m} + 0.0021\text{m} - 0.0004\text{m} = 29.9258\text{m}$

相对误差为

$K = |29.9258-29.9230| \div 0.5\times(29.9258+29.9230) = 1/10687 < 1/3000$

因此测量精度满足要求。

4.2 电磁波测距

电磁波测距是用电磁波（微波或光波）作载波，传输测距信号，测量两点间距离的一种方法。与传统的钢尺量距相比，电磁波测距具有精度高、测距迅速、灵活机动、受地形影响小、效率高等特点，从而使距离测量发生了革命性的变化。

电磁波测距的基本原理如图 1-43 所示。

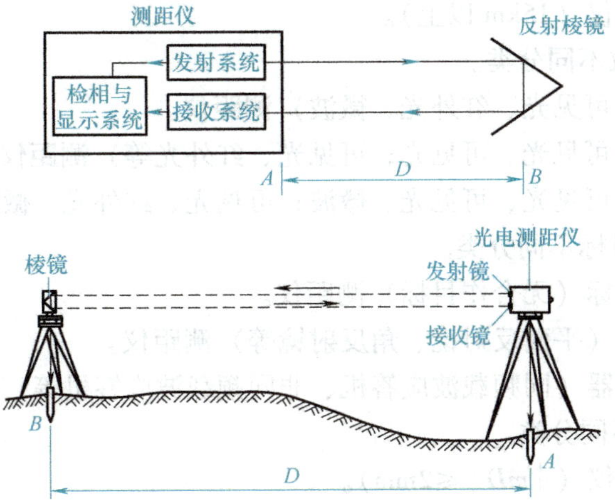

图 1-43　电磁波测距的基本原理

待测距离 AB（即 D），在一端 A 点安置测距仪，在另一端 B 点安置棱镜（反光镜）。测距仪发出光束由 A 至 B，经反射镜反射后又返回仪器。设光速 c 为已知，若光束在待测距离上往返传播的时间 t 已知，则距离 D 可由下式求出：

$$D = ct/2$$

由上式可知，测定距离的精度主要取决于时间 t 的量测精度。时间 t 的测量方法通常有两种，即脉冲式测距和相位式测距。

根据分类标准不同，电磁波测距有以下几种不同的分类：

1）按测距原理不同分类。

① 脉冲式测距仪：速度快，但精度较低，很难高于米级。

② 相位式测距仪：适用于短距离测距，精度较高，能达到厘米甚至毫米级精度。

③ 脉冲-相位式测距仪。

2）按载波不同分类。

① 微波测距仪：采用微波段的无线电波作为载波。

② 激光测距仪：以激光作为载波。微波测距仪、激光测距仪多用于远程测距，测程可达数十千米，一般用于大地测量。

③ 红外线测距仪：以红外光作为载波。这种测距仪多用于中短程测距，一般用于小面积控制测量、地形测量和各种工程测量。

3）按结构不同分类。

① 分离式（单测距式）测距仪。

② 组合式（测距仪与经纬仪组合）测距仪。

4）按测程不同分类。

① 短程测距仪（3km 以下）。

② 中程测距仪（3~15km）。

③ 远程测距仪（15km 以上）。

5）按载波数不同分类。

① 单载波（可见光、红外光、微波）测距仪。

② 双载波（可见光、可见光；可见光、红外光等）测距仪。

③ 三载波（可见光、可见光、微波；可见光、红外光、微波等）测距仪。

6）按发射目标不同分类。

① 漫反射目标（无合作目标）测距仪。

② 合作目标（平面反射镜、角反射镜等）测距仪。

③ 有源反射器（同频载波应答机、非同频载波应答机等）测距仪。

7）按精度不同分类。

① Ⅰ级测距仪（$|m_D| \leqslant 2mm$）。

② Ⅱ级测距仪（$2mm < |m_D| \leqslant 5mm$）。

③ Ⅲ级测距仪（$5mm < |m_D| \leqslant 10mm$）。

④ Ⅳ级测距仪（$10mm < |m_D|$）。

近年来，中短程激光-红外测距仪的发展十分迅速，已出现整体式或组合式的“全站式电子速测仪”等电子化、自动化程度较高的新型测距仪，它将电子经纬仪、激光-红外测距仪、记录器、计算器甚至打印器集为一体，可以将所测点编号、水平角、竖直角、斜距以及归算后的平距、高差、坐标等按指令自动记录在盒式磁带上，或打印、穿孔，再经过以微型电子计算机为中心的一套设备加以处理，按需要建立数字地面模型，绘制线划地形图或输出所要的数据，为工程测量的现代化开辟了新的途径。

4.3 视距测量

视距测量是利用水准仪的望远镜内十字丝分划板上的视距丝在视距尺（水准尺）上读数，根据光学和几何学原理，同时测定仪器到地面点的水平距离和高差的一种方法。

视距测量具有操作简便、速度快、不受地面起伏变化影响的优点，被广泛应用于碎部测量中。但其测距精度低，相对误差 K 为 1/300~1/200。

4.3.1 视距测量原理

如图1-44所示，欲测定 A、B 两点间的水平距离 D 及高差 h，可在 A 点安置水准仪，B 点立视距尺，设望远镜视线水平，瞄准 B 点视距尺，此时视线与视距尺垂直。

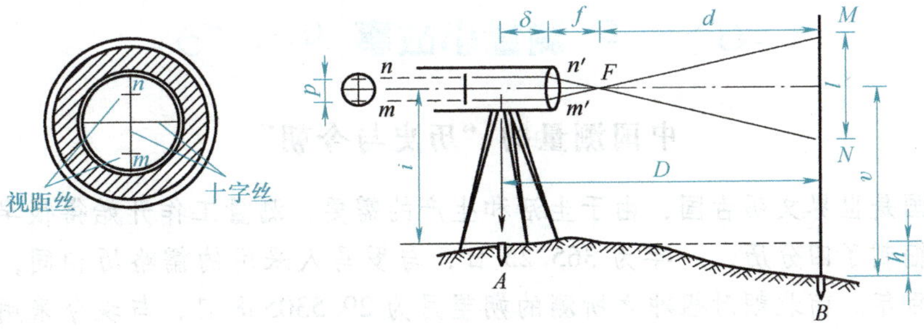

图1-44　视距测量原理

若尺上 M、N 点成像在十字丝分划板上的两根视距丝 m、n 处，那么尺上 MN 的长度可由上、下视距丝读数之差求得。上、下视距丝读数之差称为视距间隔或尺间隔。

图1-44中 l 为视距间隔，p 为上、下视距丝的间距，f 为物镜焦距，δ 为物镜至仪器中心的距离。由相似三角形 $\triangle m'n'F$ 与 $\triangle MNF$ 可得 $d:f=l:p$，即 $d=fl/p$，由图1-44看出 $D=d+f+\delta$，带入得

$$D=fl/p+f+\delta$$

令 $f/p=k$，$f+\delta=c$ 得

$$D=kl+c$$

式中　k、c——视距乘常数和视距加常数，现代常用的内对光望远镜的视距常数，设计时已使 $k=100$，c 接近于零；

则水平距离、高差公式可化简为

$$D=kl=100\times l$$

$$h=i-v$$

式中　i——仪器高，是桩顶到仪器横轴中心的高度；

v——瞄准高，是十字丝中丝在尺上的读数。

4.3.2 视距测量注意事项

视距测量精度不高，但简单易行，场地环境影响小，因此也有一定的适用范围。采用视距测量注意以下事项，尽量避免误差提升：

1）为减少垂直折光的影响，观测时应尽可能使视线离地面1m以上。

2）作业时，要将视距尺竖直，并尽量采用带有水准器的视距尺。

3）要严格测定视距常数，k值应在100±0.1之内，否则应加以改正。

4）视距尺一般应是厘米刻划的整体尺。如果使用塔尺应注意检查各节尺的接头是否准确。

5）要在成像稳定的情况下进行观测。

【拓展实践】 探索倾斜视距测量的原理及应用。

测量小故事

中国测量的“历史与今朝”

我国是世界文明古国，由于生活和生产的需要，测量工作开始得很早。春秋战国时编制了四分历，一年为365.25日，与罗马人采用的儒略历相同，但比其早四五百年。南北朝时祖冲之所测的朔望月为29.530588日，与现今采用的数值只差0.3s。宋代杨忠辅编制的《统天历》，一年为365.2425日，与现代值相比，只有26s误差。之所以能取得这样的准确数据，在于公元前四世纪就已创制浑天仪，用它来测定天体的坐标入宿度和去极度。汉代张衡改进了浑天仪，并著有《浑天仪图注》。元代郭守敬改进浑天仪为简仪。用于天文观测的仪器还有圭、表和复矩。用以计时的仪器有漏壶和日晷等。在地图测绘方面，由于行军作战的需要，历代帝王都很重视。目前见于记载最早的古地图是西周初年的洛邑城址附近的地形图。周代地图使用很普遍，管理地图的官员分工很细。现在能见到的最早的古地图是长沙马王堆三号汉墓出土的公元前168年陪葬的长沙国地图和驻军团，图上有山脉、河流、田地、道路和军事要素。我国古代能绘制出较高水平的地图，与测量技术的发展有关。我国古代测量长度的工具有丈杆、测绳、步车和记里鼓车；测量高程的仪器工具有矩和水平；测量方向的仪器有望筒和指南针。

测量技术的发展与数理知识紧密相连。公元前问世的《周髀算经》和《九章算术》（见图1-45）都有利用相似三角形进行测量的记载。三国时魏人刘徽所著的《海岛算经》介绍利用丈杆进行两次、三次甚至四次测量，求解山高、河宽的实例，大大促进了测量技术的发展。

我国古代的测绘成就，除编制历法和测绘地图外，还有在唐代僧一行的主持下，实量了从河南白马，经过浚仪、扶沟到上蔡的距离和北极高度，得出子午线1°的弧长为132.31km，为人类正确认识地球作出了贡献。

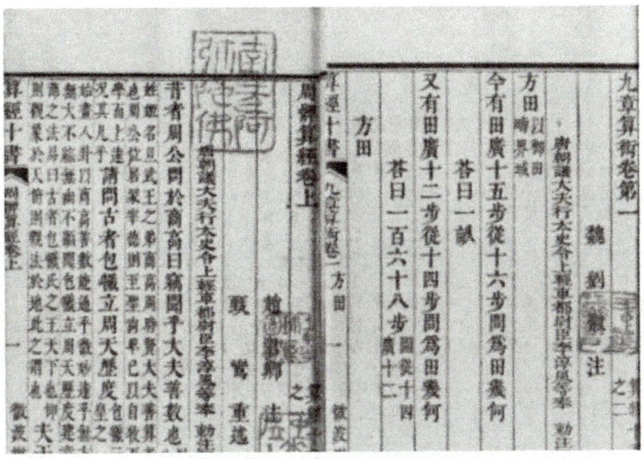

九章算術卷第一

魏　劉徽　注

唐朝議大夫行太史令上輕車都尉臣李淳風等奉　勑注釋

方田

今有田廣十五步從十六步問爲田幾何

荅曰一畝

又有田廣十二步從十四步問爲田幾何

荅曰一百六十八步

方田

周髀算經卷上

甄鸞　重述

昔者周公問於商高曰竊聞乎大夫善數也

周髀算經卷上

图1-45　《九章算术》

中华人民共和国成立后，我国测绘事业有了很大的发展。建立和统一了全国坐标系统和高程系统；建立了遍及全国的大地控制网、国家水准网、基本重力网和卫星多普勒网；完成了国家大地网和水准网的整体平差；完成了国家基本图的测绘工作；完成了珠穆朗玛峰和南极长城站（见图1-46）的地理位置和高程的测量；配合国民经济建设进行了大量的测绘工作，例如进行了南京长江大桥、宝山钢铁厂、北京正负电子对撞机等工程的精确放样和设备安装测量。

图1-46　中国南极长城站

在测绘仪器制造方面，从无到有，现在不仅能生产系列的光学测量仪器，还研制成功了各种测程的光电测距仪、卫星激光测距仪和解析测图仪等先进仪器。在测绘人才培养方面，已培养出各类测绘技术人员数万名，大大提高了我国测绘科技水平。特别是近年来，我国测绘科技发展更快，例如GPS全球定位系统已得到广泛应用；地理信息系统方面，我国第一套实用电子地图系统已建成并投入使用。我国目前的测绘科技水平，虽与国际先进水平相比，还有一定的差距，但只要我们一代一代的中国人，发愤图强，励精图治，一定能赶上和超过国际测绘科技水平。

任务实施与评价：

任务工单 8（自测）

项目名称	工程测量技术基础	任务名称	距离测量
训练方式	理论习题	学时分配	2
姓名		个人得分	
日期		小组得分	
学期成绩		得分占比	

任务习题：（每空 2 分，共 100 分）

1. 距离测量是指______________________________。常用的测量方法有__________、__________、__________。

2. 钢尺量距使用工具一般有__________、__________、__________、__________、__________、__________。钢尺常用长度有__________、__________、__________等几种。

3. 钢尺量距精度要求较高的距离测量需要对钢尺进行__________等条件的检定。

4. 直线定线是指______________________________。定线方法按精度要求有____________________、____________________两种。

5. 钢尺量距的基本要求：__________、__________、__________、__________。

6. 钢尺一般量距步骤为__________、__________、__________。

7. 相对误差公式为__________。钢尺一般量距的相对误差限值为____________________，____________________。

8. 水平距离钢尺精密量距步骤为__________，__________，__________，__________。

9. 请写出如下公式：尺长改正__________，温度改正__________，倾斜改正__________。请写出经以上三项改正后的全长公式______________________________。

10. 电磁波测距相对于传统钢尺量距相比，具有的特点是__________，__________，__________，__________，__________。

11. 电磁波测距按照原理不同分为__________，__________，__________。

12. 视距测量是指______________________________。

13. 视距测量能够达到的精度较低，相对误差为______________________________。

14. 视距测量需要注意的事项有__________，__________，__________，__________，__________。

任务总结：本次任务为实操性质知识，知识点总结如图 1-47 所示。

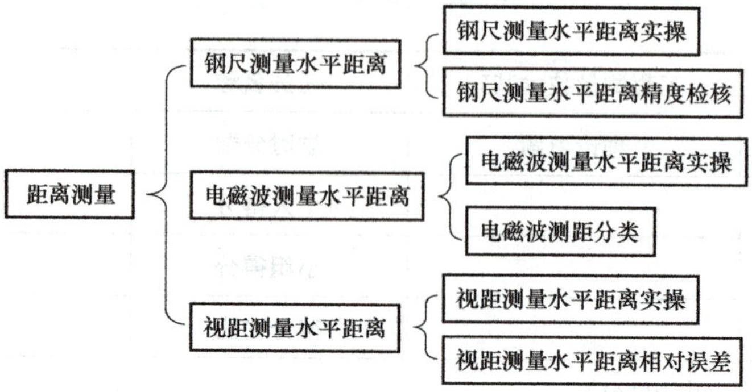

图 1-47　任务 4 知识点总结

任务 5　学习全站仪及 RTK 的应用

任务发布： 小组合作，完成全站仪与 RTK 外业实操与内业数据处理。

任务目标：

素质目标	知识目标	能力目标
◇ 培养科技强国意识 ◇ 加强艰苦奋斗精神 ◇ 提升科技责任担当理念	◇ 了解全站仪的分类性能 ◇ 了解 RTK 的级别性能指标 ◇ 掌握全站仪与 RTK 的基本应用	◇ 学会全站仪的测量方法 ◇ 学会 RTK 的测量方法

任务分析与学习：

5.1 全站仪的应用

全站仪，如图 1-48 所示，即全站型电子测距仪（Electronic Total Station），是一种集光、机、电为一体的高技术测量仪器，是集水平角、竖直角、距离（斜距、平距）、高差测量功能于一体的测绘仪器。如光学经纬仪比较电子经纬仪将光学度盘换为光电扫描度盘，将人工光学测微读数代之以自动记录和显示读数，使测角操作简单化，且可避免读数误差的产生。因其一次安置仪器就可完成该测站上全部测量工作，所以称为全站仪。全站仪广泛用于地上大型建筑和地下隧道施工等精密工程测量或变形监测领域。

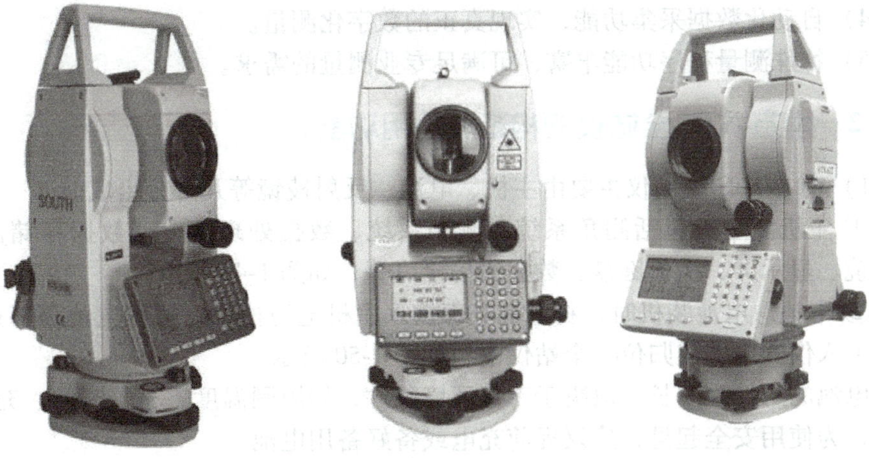

图 1-48　全站仪

全站仪是电子经纬仪、光电测距仪及微处理器相结合的光电仪器。目前世界上全站仪常用的品牌主要有徕卡（瑞士）、拓普康（日本）、尼康（日本）、南方

全站仪应用

RTK 应用

全站仪的基本使用实操

全站仪坐标测量实操

RTK 实操

数字测图演示

（中国）、索佳（日本）、博飞（中国）、三鼎（中国）、科力达（中国）等。

全站仪的发展经历了从组合式（即光电测距仪与光学经纬仪组合，或光电测距仪与电子经纬仪组合）到整体式（即将光电测距仪的光波发射接收系统的光轴和经纬仪的视准轴组合为同轴的整体式全站仪等）的阶段历程。20世纪80年代末，人们根据电子测角系统和电子测距系统的发展不平衡，将全站仪分成两大类，即积木式和整体式。20世纪90年代以来，基本上都发展为整体式全站仪。1995年，我国第一台全站仪NTS-202诞生，从此我国有了自己的全站仪品牌，2021年10月，该集团第10万台全站仪下线和该集团全站仪年产销量达3.5万台，标志着我国全站仪产量稳居世界第一。国产全站仪其他品牌产业也在逐渐发展壮大。目前，世界各国生产的全站仪品种、规格、型号繁多，并朝着自动化、智能化的方向发展，如增加自动调焦、自动锁定跟踪目标、激光对点、数字键、免棱镜观测、程序操作等。下面以南方NTS全站仪为例进行仪器构造和使用功能的介绍。

5.1.1 南方NTS全站仪的主要特点

南方NTS全站仪除了能进行常规角度、距离测量外，还能进行高程测量、坐标测量、坐标放样以及对边测量、悬高测量、偏心测量、面积测量、自动竖直角测量等，并且还可以将测量数据存储到仪器中，可以存储8000个坐标数据，或是3000个坐标数据和3000个点的测量原始数据，而且可以对所存储的数据进行编辑、查阅、删除等操作，还能与计算机进行互传数据。总体来说，其操作方便、全面、智能、自动化，同时人机互动界面友好。特点总结如下：

1）中文操作界面，菜单显示屏设计更人性化。

2）功能丰富，同时具有强大的数据存储、处理功能。

3）数字键盘操作，采用了软键和数字键盘结合方式，使操作更加易学、方便、快速。

4）自动化数据采集功能，实现真正的数字化测量。

5）特殊测量程序功能丰富，可满足专业测量的需求。

5.1.2 南方NTS全站仪的构造和使用功能

1）南方NTS全站仪主要由主机、电池、反射棱镜等几部分组成。

① 主机。主机包括测角系统、测距系统、数据处理部分、数据存储部分、望远镜、显示屏、操作键盘、数据通信接口等，如图1-49所示。

② 电池。电池装机时，将电池底部按入主机电池槽中，按压电池顶部按钮，使其卡入仪器中固定归位。全站仪电池如图1-50所示。

电池的工作时间长短取决于工作环境条件，如周围温度、充电时间、充电次数等，为使用安全起见，建议提前充电或备好备用电池。

电池的剩余电量显示状态与当前的测量模式有关，距离测量模式比角度测量模式耗电量大。电池充电要用专用配套充电器，充电器适配电压为220V，当充电器接入充电插座，指示灯为橙色，表示正在充电，空电池大约6h充满，指示灯变成绿色。

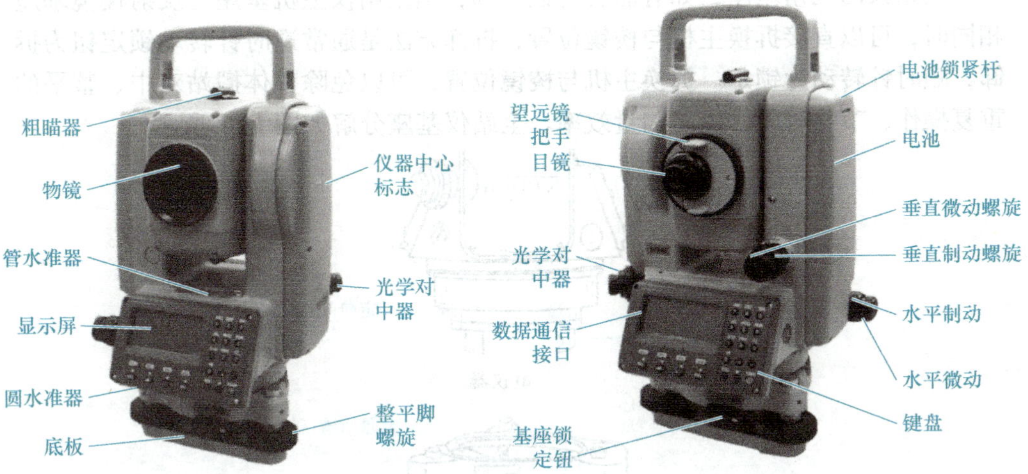

图 1-49　南方 NTS 全站仪主机构造

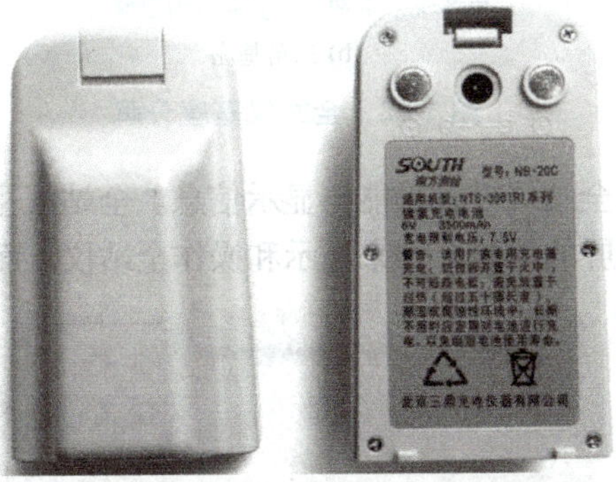

图 1-50　全站仪电池

可充电电池通常可以重复充电 300~500 次，电池完全放电会缩短电池使用寿命。为更好地维护电池的最长使用寿命，应保证每月充电一次。

③ 反射棱镜。全站仪在进行角度测量、距离测量等作业时，须在目标处放置反射棱镜。反射棱镜有单棱、三棱镜组，可通过基座连接器将棱镜组连接在基座上，安置到三脚架上，也可直接安置在对中杆上。棱镜组可由用户根据作业需要自行配置。全站仪反射棱镜如图 1-51 所示。

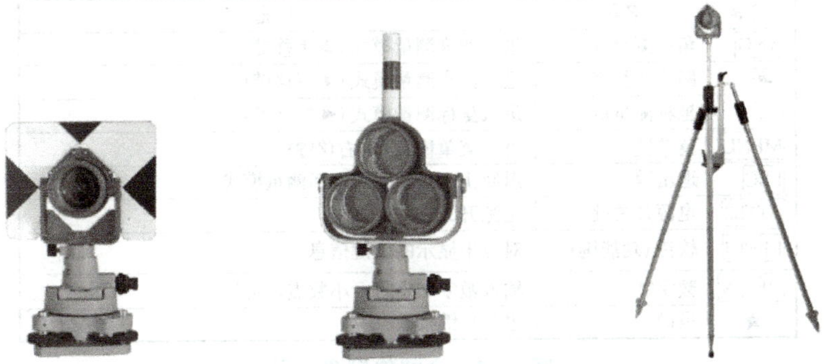

图 1-51　全站仪反射棱镜

全站仪的三角基座，如有需要可以拆卸，当全站仪主机基座与反射棱镜基座相同时，可以直接拆换主机与棱镜位置，拆卸方法是通常逆时针转动锁定钮为拆卸，顺时针转动为锁定。拆换主机与棱镜位置，可以免除整体搬站对中、整平的重复操作，节约时间，提高测量效率。全站仪基座分解如图 1-52 所示。

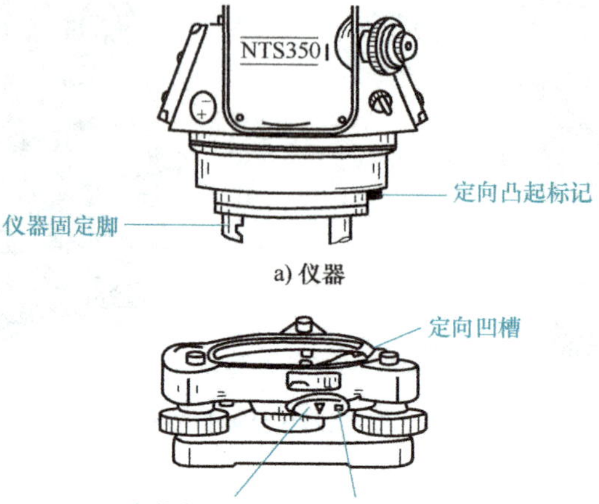

a) 仪器

b) 三角基座

图 1-52　全站仪基座分解

2）南方 NTS 系列全站仪键盘功能与显示信息。全站仪主机的前后两面，各有一个相同的带键盘和显示屏的面板，用来显示和操作全站仪，面板结构如图 1-53所示。

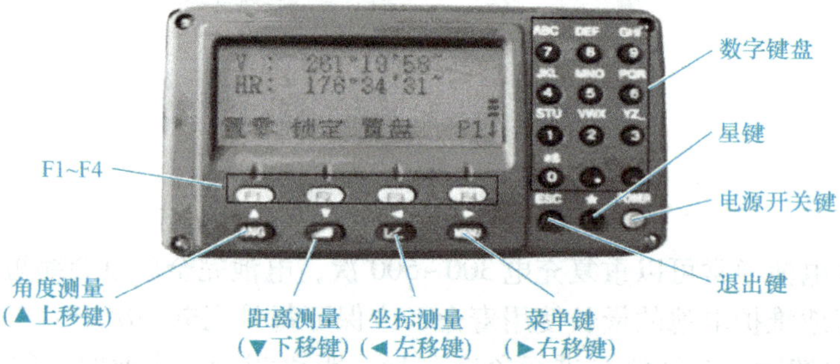

图 1-53　全站仪面板

键盘符号、显示符号如图 1-54、图 1-55 所示。功能键如图 1-56 所示。

键盘符号：ANG　　　MENU　ESC　POWER　F1-F4　0-9

按键	名称	功能
ANG	角度测量键	进入角度测量模式(▲上移键)
	距离测量键	进入距离测量模式(▼下移键)
	坐标测量键	进入坐标测量模式(◄左移键)
MENU	菜单键	进入菜单模式(►右移键)
ESC	退出键	返回上一级状态或返回测量模式
POWER	电源开关键	电源开关
F1-F4	软键(功能键)	对应于显示的软键信息
0-9	数字键	输入数字和字母、小数点、负号
★	星键	进入星键模式

图 1-54　全站仪键盘符号

显示符号:

V%　HR　HL　HD　VD　SD　N　E　Z　*　m　ft　fi

显示符号	内容
V%	竖直角（坡度显示）
HR	水平角（右角）
HL	水平角（左角）
HD	水平距离
VD	高差
SD	倾斜
N	北向坐标
E	东向坐标
Z	高程
*	EDM（电子测距）正在进行
m	以米为单位
ft	以英尺为单位
fi	以英尺与英寸为单位

图1-55　全站仪显示符号

角度测量模式（三个界面菜单）

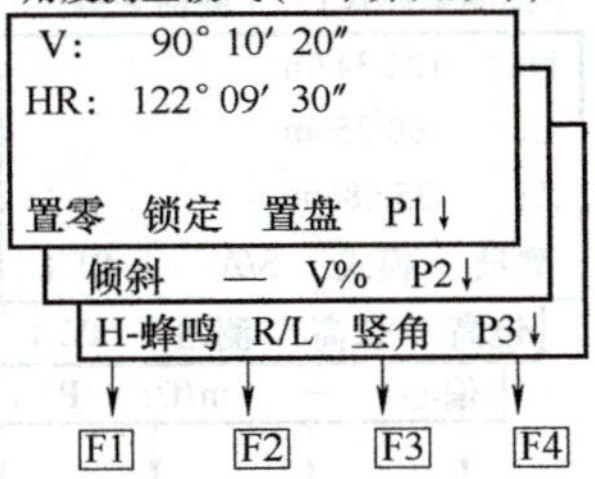

页数	软键	显示符号	功能
第1页(P1)	F1	置零	水平角置为0° 0′ 0″
	F2	锁定	水平角读数锁定
	F3	置盘	通过键盘输入数字设置水平角
	F4	P1↓	显示第2页软键功能
第2页(P2)	F1	倾斜	设置倾斜改正开或关，若选择开则显示倾斜改正
	F2	—	—
	F3	V%	竖直角与百分比坡度的切换
	F4	P2↓	显示第3页软键功能
第3页(P3)	F1	H-蜂鸣	仪器转动至水平角0°、90°、180°、270°是否蜂鸣的设置
	F2	R/L	水平角右/左计数方向的转换
	F3	竖角	竖直角显示格式（高度角/天顶距）的切换
	F4	P3↓	显示第1页软键功能

a) 全站仪角度测量模式

图1-56　全站仪功能键内容

距离测量模式(两个界面菜单)

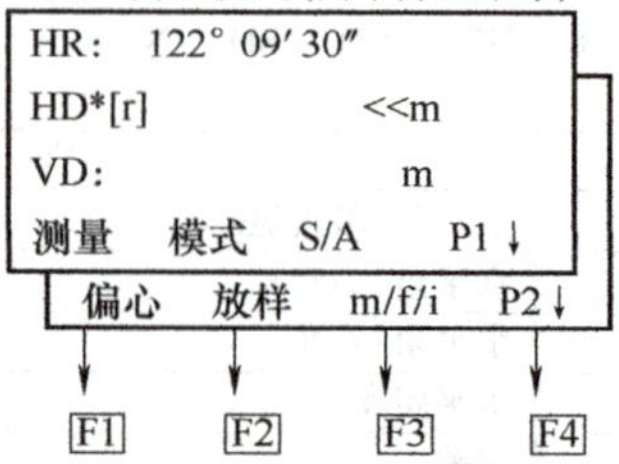

页数	软键	显示符号	功能
第1页(P1)	F1	测量	启动距离测量
	F2	模式	设置测距模式为精测/距踪/粗测
	F3	S/A	温度、气压、棱镜常数等设置
	F4	P1↓	显示第2页软键功能
第2页(P2)	F1	偏心	偏心测量模式
	F2	放样	距离放样模式
	F3	m/f/i	距离单位的设置：米/英尺/英寸
	F4	P2↓	显示第1页软键功能

b) 全站仪距离测量模式

坐标测量模式(三个界面菜单)

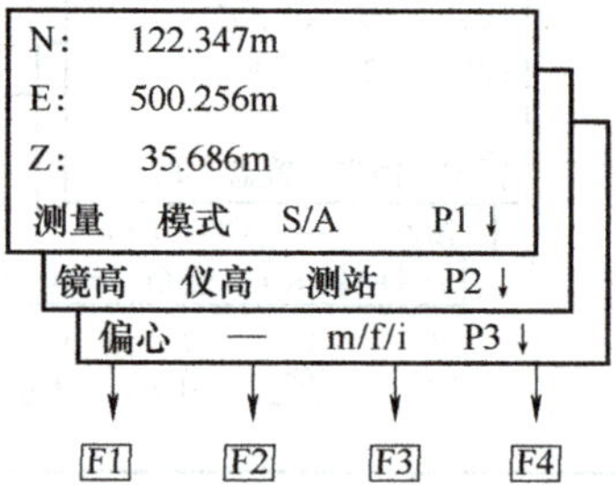

页数	软键	显示符号	功能
第1页(P1)	F1	测量	启动测量
	F2	模式	设置测距模式为精测/跟踪
	F3	S/A	温度、气压、棱镜常数等设置
	F4	P1↓	显示第2页软键功能
第2页(P2)	F1	镜高	设置棱镜高度
	F2	仪高	设置仪器高度
	F3	测站	设置测站坐标
	F4	P2↓	显示第3页软键功能
第3页(P3)	F1	偏心	偏心测量模式
	F2	—	—
	F3	m/f/i	距离单位的设置：米/英尺/英寸
	F4	P3↓	显示第1页软键功能

c) 全站仪坐标测量模式

图 1-56　全站仪功能键内容（续）

星键功能模式：按下星键，配合▲或▼键，可以对屏幕对比度进行调节；按下星键，配合F1键，配合F1进行背景光开关；按下星键，配合F2键，配合F2进行倾斜改正开关；按下星键，配合F4键，选择“S/A”，可以对棱镜常数和温度气压进行设置。

5.1.3　南方NTS全站仪的基本操作

全站仪的基本操作与电子经纬仪的操作基本相同，基本操作步骤如下：

1）架设：将仪器架设到稳固的三脚架上，固定中心螺旋。

2）粗平：看圆气泡（精度相对较低，一般为1′），三脚架架头配合3个脚螺旋将仪器大致整平。

3）精平：旋转主机使仪器照准部上的管水准器（或者称长气泡管）平行于任意一对脚螺旋连线方向，旋转两脚螺旋使气泡居中（左右手同时转动两个脚螺旋，并且两拇指移动方向同时向内或向外（管水准器气泡移动方向与左手大拇指方向相同）；然后，将照准部旋转90°，旋转另外一个脚螺旋使管水准器气泡居中。

4）检验：将仪器照准部再旋转90°，若管水准器气泡仍居中，表示已经整平；若有偏差，请重复步骤3）。正常情况下重复1~2次即可调平。

5）精平的同时兼顾激光点对中，对中和整平过程会互相有影响，反复调整1~2次，即可兼顾。

当全站仪基本操作完成后，即可调整仪器初始数据状态进行测量了。

5.1.4　南方NTS全站仪的基本使用方法

南方NTS全站仪具有角度测量、距离测量、三维坐标测量、导线测量、交会定点测量和放样测量等多种用途，内置专用软件后，功能还可进一步拓展，下面对全站仪的基本测量进行简单介绍：

（1）水平角测量

1）按角度测量键，使全站仪处于角度测量模式，盘左状态照准左侧第一个目标A。

2）设置A方向的水平度盘读数为0°00′00″。

3）顺时针旋转望远镜照准第二个目标B，此时显示的水平度盘读数即为两方向间的水平夹角。

（2）距离测量　照准目标棱镜中心，按测距键，距离测量开始，测距完成时显示斜距、平距、高差。

全站仪的测距模式有精测模式、跟踪模式、粗测模式三种。精测模式是最常用的测距模式，测量时间约2.5s，最小显示单位1mm。

（3）坐标测量

1）设定测站点的三维坐标值。

2）设定后视点的坐标或设定后视方向的水平度盘读数为其方位角。当设定后视点的坐标时，全站仪会自动计算后视方向的方位角，并设定后视方向的水平度盘读数为其方位角。

3）设置棱镜常数。

4）设置大气改正值或气温、气压值。

5）量仪器高、棱镜高并输入全站仪。

6）照准目标棱镜，按坐标测量键，全站仪开始测距并计算显示测点的三维坐标。

5.1.5 南方 NTS 全站仪的使用注意事项

全站仪属于精密仪器，使用过程中，要注意保护与维护，主要有以下几点注意事项：

1）仪器不使用时，应将其装入箱内，置于干燥处，注意防振、防尘和防潮。若仪器工作处的温度与存放处的温度差异太大，应先将仪器留在箱内，直至适应环境温度后再开箱使用仪器。

2）仪器长期不使用时，应将仪器上的电池卸下分开存放。电池应每月充电一次。

3）仪器运输时应将仪器装于箱内进行，运输时应小心避免挤压、碰撞和剧烈振动。

4）仪器安装至三脚架或拆卸时，要一只手先握住仪器，以防仪器跌落。

5）作业前应仔细全面检查仪器，确保仪器各项指标、功能、电源、初始设置和改正参数均符合要求时再进行作业。

5.2 卫星导航系统的应用

5.2.1 卫星导航系统简介

全球定位系统（Global Positioning System，GPS）是一种以人造地球卫星为基础的高精度无线电导航的定位系统。随着定位系统的不断发展，其精确的定位功能也在测量工程当中得到广泛的应用。

GPS 的前身是 1958 年美国的一个军方卫星定位系统项目，1964 年正式投入使用，该系统采用多颗卫星组成的星网工作，到 1994 年 24 颗 GPS 卫星已布设完成，全球覆盖率高达 98%，但定位精度还不是很高。

北斗卫星导航系统（BeiDou Navigation Satellite System，BDS）是我国自行研制的全球卫星导航系统，也是继 GPS、GLONASS 之后世界第三个成熟的卫星导航系统。1994 年开始启动北斗一号系统工程建设。2020 年 6 月北斗三号最后一颗全球组网卫星发射成功，标志着北斗三号全球卫星导航系统建成。持续与世界其他卫星导航系统开展协调合作，推动系统间兼容与互操作，共同为全球用户提供更加优质的服务。

北斗卫星导航系统可在全球范围内全天候、全天时为各类用户提供高精度、高可靠定位、导航、授时服务，定位精度为分米、厘米级别，测速精度为 0.2m/s，授时精度 10ns。

5.2.2　北斗卫星导航系统的组成

北斗卫星导航系统由空间段、地面段和用户段三部分组成。其中空间段包括静止轨道卫星和非静止轨道卫星；地面段由主控站、注入站和监测站组成；用户段即用户的终端，既可以是专用于北斗卫星导航系统的信号接收机也可以是兼容其他卫星导航系统的接收机，如图 1-57 所示。北斗卫星导航系统建设和运行中共发射 55 颗卫星，包括北斗二号和北斗三号。

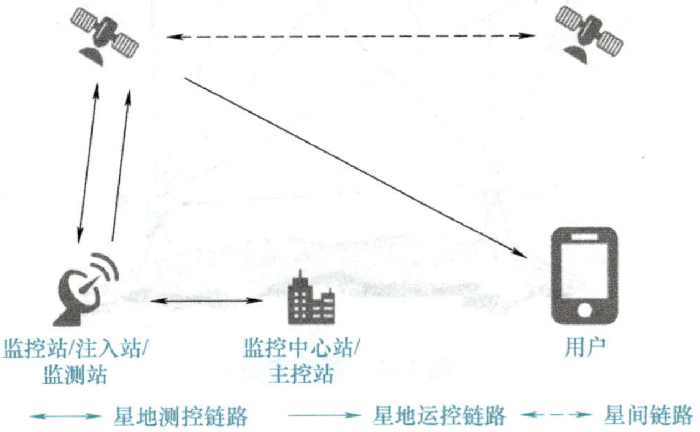

图 1-57　北斗卫星导航系统组成

5.2.3　北斗卫星导航系统的定位原理

北斗卫星导航系统的定位原理是基准站接收卫星导航信号后，通过数据处理系统形成相应的信息，再由卫星、广播、移动通信等手段将信息实时发送至应用终端，实现定位服务。

按定位方式，北斗卫星导航系统定位分为单点定位和相对定位（差分定位），如图 1-58、图 1-59 所示。单点定位就是根据一台接收机的观测数据来确定接收

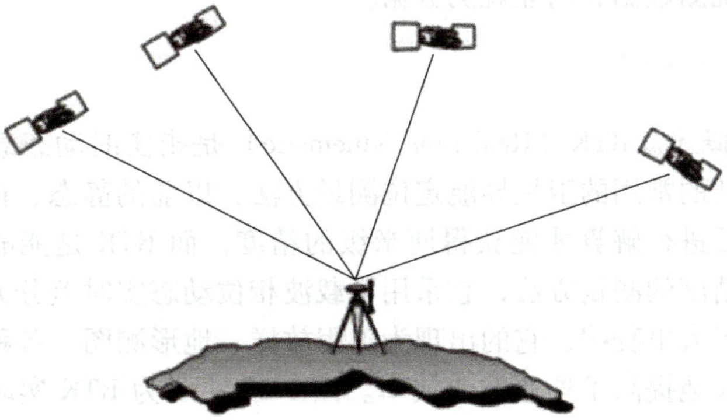

图 1-58　单点定位

机位置的方式，它只能采用伪距观测量，可用于车船等的概略导航定位。相对定位（差分定位）是根据两台以上接收机的观测数据来确定观测点之间的相对位置的方法，它既可以采用伪距观测量也可以采用相位观测量，大地测量或工程测量均应采用相位观测值进行相对定位。

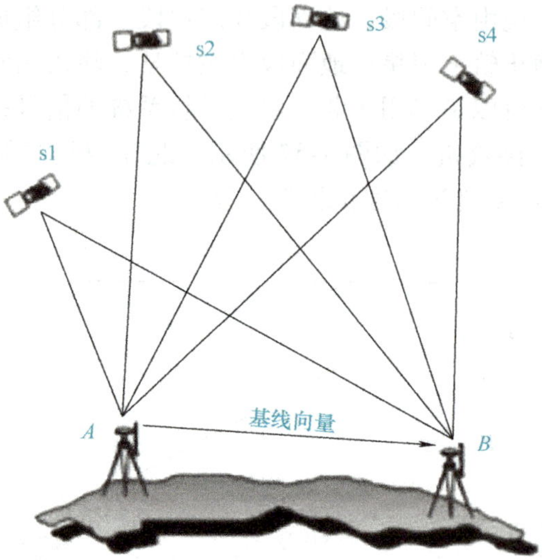

图 1-59　相对定位

5.2.4　北斗卫星导航系统的后处理定位方法

目前在工程应用中，广泛采用相对定位模式。其后处理定位方式有静态定位和动态定位两种形式。静态定位的精度最高，在长距离和短距离基线计算中，一般都能获得满意的定位结果。动态后处理是利用载波相位进行事后差分的卫星导航定位技术，其系统是由基准站和流动站组成，通过利用同步观测的一台基准站接收机和至少一台流动站接收机对卫星的载波相位进行观测，并在事后通过计算机对数据进行线性组合，形成虚拟的载波相位观测值，由此计算接收机之间厘米级的相对位置，通过坐标变换即可得到流动站在地方坐标系中的坐标。主要工作过程包括外业观测数据和内业观测数据。

5.2.5　RTK 的应用

（1）RTK 概述　RTK（Real-time Kinematic）是指实时动态载波相位差分技术。这是一种新的常用的卫星导航定位测量方法，以前的静态、快速静态、动态测量都需要事后进行解算才能获得厘米级的精度，而 RTK 是能够在野外实时得到厘米级定位精度的测量方法，它采用了载波相位动态实时差分方法，是卫星导航定位应用的重大里程碑，它的出现为工程放样、地形测图、各种控制测量带来了新曙光，极大地提高了外业作业效率。图 1-60 所示为 RTK 实时动态载波相位差分系统示意图。

（2）RTK的工作原理 RTK的工作原理是将一台接收机置于基准站上，另一台或几台接收机置于载体（称为流动站）上，基准站和流动站同时接收同一时间、同一定位卫星发射的信号，基准站实时地将测量的载波相位观测值、伪距观测值、基准站坐标等用无线电传送给运动中的流动站，而流动站通过无线电接收基准站所发射的信息，将载波相位观测值实时进行差分处理，得到基准站和流动站基线向量（ΔX，ΔY，ΔZ）；基线向量加上基准站坐标得到流动站每个点WGS84坐标，通过坐标转换参数转换得出流动站每个点的平面坐标（x，y）和正常高h，如图1-61所示。

图1-60 RTK实时动态载波相位差分系统

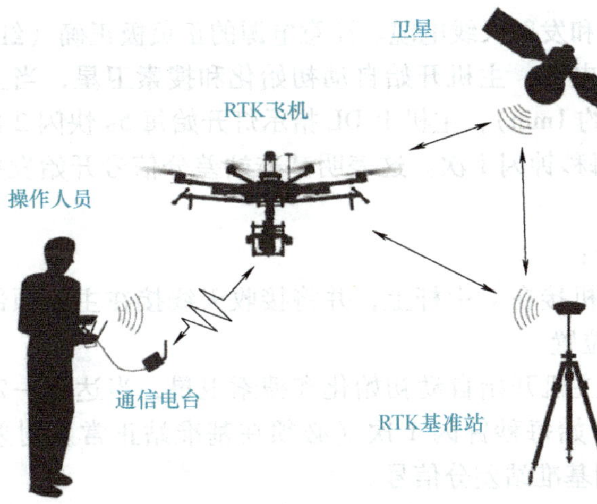

图1-61 RTK工作原理图示

（3）RTK测量注意事项

1）基准站注意事项：基准站的点位选择必须严格。因为基准站接收机每次卫星信号失锁将会影响网络内所有流动站正常工作。

① 周围应视野开阔，截止高度角应超过15°，周围无信号反射物（大面积水域、大型建筑物等）。

② 基准站应尽量设置于相对制高点上，以方便播发差分改正信号。

③ 基准站要远离微波塔、通信塔等大型电磁发射源200m外，要远离高压输电线路、通信线路。

④ RTK作业期间，基准站不允许移动或关机又重新启动，若重新启动，启动后必须重新校正。

⑤ 基准站连接必须正确，注意虚电池的正负极（红正黑负）。

⑥ 基准站主机开机后，需等到差分信号正常发射方可离开参考站，S82表现

为 DL 指示灯每 5s 快闪 2 次，S86 表现为 RX 指示灯每 5s 快闪 2 次。

2）流动站注意事项：

① 在 RTK 作业前，应首先检查仪器内存容量能否满足工作需要，并备足电源电池。

② 在打开软件之后，要先确保手簿与主机蓝牙连通。

③ 为了保证 RTK 的高精度，最好有三个以上平面坐标已知点进行校正，而且点精度要均等，并要均匀分布于测区周围，要利用坐标转换中误差对转换参数的精度进行评定。如果利用两点校正，一定要注意尺度比是否接近于 1。

④ 由于流动站一般采用缺省 2m 流动杆作业，当高度不同时，应修正此值。

（4）RTK 简易操作步骤　RTK 由两部分组成：基准站部分和移动站部分。先启动基准站，后操作移动站。

1）基准站部分：

① 架好三脚架于已知点上，对中整平（如架在未知点上，则大致整平即可）。

② 接好电源线和发射天线电缆。注意电源的正负极正确（红正黑负）。

③ 打开主机和电台，主机开始自动初始化和搜索卫星，当卫星数和卫星质量达到要求后（大约 1min），主机上 DL 指示灯开始每 5s 快闪 2 次，同时电台上的 TX 指示灯开始每秒钟闪 1 次。这表明基准站差分信号开始发射，整个基准站部分开始正常工作。

2）移动站部分：

① 将移动站主机接在对中杆上，并将接收天线接在主机顶部，同时将手簿夹在对中杆的适当位置。

② 打开主机，主机开始自动初始化和搜索卫星，当达到一定的条件后，主机上的 DL 指示灯开始每秒钟闪 1 次（必须在基准站正常发射差分信号的前提下），表明已经收到基准站差分信号。

③ 打开手簿，启动软件。快捷方式一般在手簿的桌面上，如手簿冷启动则桌面上的快捷方式消失，这时必须在 Flashdisk 中启动原文件。

④ 启动软件后，软件一般会自动通过蓝牙和主机连通。如果没连通则首先需要进行蓝牙设置（工具→连接仪器→输入端口→单击连接）。

⑤ 软件在和主机连通后，软件首先会让移动站主机自动去匹配基准站发射时使用的通道。如果自动搜频成功，则软件主界面左上角会有信号在闪动。如果自动搜频不成功，则需要进行电台设置（工具→电台设置→切换通道号“选择与基准站电台相同的通道→单击切换”）。

⑥ 在确保蓝牙连通和收到差分信号后，开始新建工程（工程→新建工程），依次按要求填写或选取如下工程信息：工程名称、椭球系名称、投影参数设置、四参数设置（未启用可以不填写）、七参数设置（未启用可以不填写）和高程拟合参数设置（未启用可以不填写），最后确定，工程新建完毕。

⑦ 进行校正。校正有两种方法。

方法一：利用控制点坐标库（设置→控制点坐标库）求四参数。

在控制点坐标库界面中单击“增加”，根据提示依次增加控制点的已知坐标和原始坐标，一般至少 2 个控制点，当所有的控制点都输入以后并查验确定无误后，单击“保存”，选择参数文件的保存路径并输入文件名，建议将参数文件保存在当前工程下文件名 result 文件夹里面，保存的文件名称以当天的日期命名。完成之后单击“确定”。然后单击“保存成功”窗口右上角的 OK，四参数已经计算并保存完毕。

方法二：校正向导（工具→校正向导），这时又分为两种模式。

注意：此方法只在此介绍单点校正，一般是在有四参数或七参数的情况下才通过此方法进行单点校正。

a. 基准站架在已知点上。选择“基准站架设在已知点”，单击“下一步”，输入基准站架设点的已知坐标及天线高，并选择天线高形式，输入完后即可单击“校正”。系统会提示是否校正，并显示相关帮助信息，检查无误后单击“确定”，校正完毕。

b. 基准站架在未知点上。选择“基准站架设在未知点”，单击“下一步”，输入当前移动站的已知坐标、天线高和天线高的量取方式，再将移动站对中立于已知点上后单击“校正”，系统会提示是否校正，检查无误后单击“确定”即可。

注意：如果当前状态不是固定解时，会弹出提示，这时应该选择“否”来终止校正，等精度状态达到固定解时，重复上面的过程，重新进行校正。

将对中杆垂直架立在待测点上，当状态达到固定解时，利用快捷键<A>开始保存数据。

测量小故事

北斗“天团” 铸就北斗的不凡

中国创新的步履不曾停歇，中国创新的成果令人惊叹。不论是仰望星空，还是探索海洋，抑或关注身边，中国都创造了许多“最”“首次”“第一”，这些振奋人心的字眼，记录了中国创新的坚实足迹，彰显着中国创新的昂扬力量。创新的背后，是人的力量。在中国这片创新热土上，涌现出众多科学大家、领军人才、青年才俊和研发团队，他们勇立潮头、锐意进取，在创新前行的画布上，留下了浓墨重彩。

2020 年 6 月 23 日，我国西昌，北斗系统第 55 颗导航卫星成功发射，当卫星太阳翼打开的瞬间，反射出金色光芒。至此，北斗三号全球卫星导航系统星座部署全面完成，比原计划提前了半年。北斗卫星导航系统，成为我国第一个面向全球提供公共服务的重大空间基础设施。一个个有关北斗的数字振奋人心：发射的所有北斗三号卫星，100%成功；提供定位精度优于 10m 的全球服务；卫星单机和关键元器件 100%自主可控；70%以上在中国入网的智能手机有北斗服务。我国北斗卫星如图 1-62 所示。

图 1-62　我国北斗卫星

自 1994 年北斗卫星导航系统启动建设起，从双星定位到区域组网，再到覆盖全球，三代北斗人接续奋斗，建成了我国迄今为止规模最大、覆盖范围最广、服务性能最高、与百姓生活关联最紧密的巨型复杂航天系统。与北斗二号相比，北斗三号最大的进步是“从区域到全球”，做到了“中国的北斗，世界的北斗”。

具体而言，北斗团队提出了国际上首个高中轨道星间链路混合型新体制，形成了具有自主知识产权的星间链路网络协议、自主定轨、时间同步等系统方案，综合性能达到世界一流水平，设计理念处于世界先进水平。

每一颗北斗卫星都有着强大的“幕后团队”，仅以卫星系统为例，就包括了总体设计、结构机械、热控制、综合电子、控制与推进、载荷等众多分系统，以及测试、总装等各个环节，正是这样的一个平均年龄仅有 31 岁的年轻团队，秉持着对科学创新的孜孜追求，才成就了我国航天事业今天的坚实步伐。

未来，在浩瀚的太空，北斗还将耕宇牧星，在空间事业发展的伟大征程中铸就新的辉煌。

任务实施与评价：

任务工单9（自测）

项目名称	工程测量技术基础	**任务名称**	全站仪的应用
训练方式	理论习题	**学时分配**	2
姓名		**个人得分**	
日期		**小组得分**	
学期成绩		**得分占比**	

理论习题：（每空2.5分，共100分）

1. 全站仪是一种集光、机、电为一体的高技术测量仪器，是集________、________、________（____、____）、______测量功能于一体的测绘仪器。

2. 目前世界上应用比较广泛的全站仪品牌有__________、________、__________、__________等。

3. 全站仪的发展经历了从________式，到____________式的阶段历程。

4. ______年，中国第一台全站仪__________在____________测绘研制成功。

5. 南方NTS全站仪除了能进行常规角度、距离测量外，还能进行______、______、______、______、______、______、______、______，并且还可以将测量数据存储到仪器中。

6. 南方NTS全站仪主要由____________、____________、____________等几部分组成。

7. 南方NTS全站仪主机包括______系统、________系统、______部分、________部分、望远镜、显示屏、操作键盘、数据通信接口等组成。

8. 南方NTS全站仪电池充电要用专用配套充电器，充电器适配电压为________V。

9. 当充电器接入充电插座，指示灯为橙色，表示正在充电，空电池大约________h充满。

10. 电池完全放电会缩短电池寿命。为更好地维护电池的使用寿命，应保证每____充电一次。可充电电池通常可以重复充电____次。

11. 全站仪在进行角度测量、距离测量等作业时，须在目标处放置________________________。

12. 南方NTS全站仪测量角度的按键符号为________________________。

13. 南方NTS全站仪显示屏显示符号为HL代表________。

14. 南方NTS全站仪坐标测量模式第2页中软键F1显示符号是__________，镜高功能是__________。

15. 南方NTS全站仪进行水平角测量，进入角度测量模式，__________状态照准左侧第一个目标置零。

任务工单 10（自测）

项目名称	工程测量技术基础	任务名称	RTK 的应用
训练方式	理论习题	学时分配	2
姓名		个人得分	
日期		小组得分	
学期成绩		得分占比	
理论习题：（每空 2.5 分，共 100 分）			

1. 全球定位系统（Global Positioning System，GPS）是一种以________为基础的高精度无线电导航的定位系统。

2. GPS 的前身是 1958 年美国的一个________定位系统项目，__________年正式投入使用，该系统采用__________组成的星网工作，到______年______颗 GPS 卫星已布设完成，全球覆盖率高达__________，但定位精度还不是很高。

3. 北斗卫星导航系统（BeiDou Navigation Satellite System，BDS）是我国自行研制的全球卫星导航系统，也是继 GPS、GLONASS 之后世界第三个成熟的卫星导航系统。定位精度为______、______级别，测速精度为____ m/s。

4. 北斗卫星导航系统由____、____、____等几部分组成，建设过程中共发射了____颗卫星。

5. 北斗卫星导航系统的定位原理是____接收卫星导航信号后，通过____系统形成相应的信息，再由________、广播、移动通信等手段将信息________发送至________，实现定位服务。

6. 按照定位方式大地测量或工程测量均应采用________观测值进行相对定位。

7. RTK（Real-Time Kinematic）是指__________相位差分技术，RTK 是能够在野外实时得到__________级定位精度的测量方法。

8. RTK 的工作原理是将一台______置于______上，另一台或几台______置于载体（称为流动站）上，______和______同时接收同一时间、同一定位卫星发射的信号，______实时地将测量的载波相位观测值、伪距观测值、基准站坐标等用无线电传送给运动中的流动站。

9. RTK 基准站应尽量设置于________________________，以方便播发差分改正信号。

10. RTK 基准站连接必须正确，注意虚电池的正负极（______________正______________负）。

11. RTK 由两部分组成：____站部分和____站部分。先启动________，后操作________。

12. RTK 流动站部分操作，将流动站主机接在____________上并将接收天线接在主机____部，同时将____夹在对中杆的适当位置。

13. 启动软件后，软件一般会自动通过____和主机连通。如果没连通则首先需要进行____设置。

任务总结：本次任务为实操性质知识，知识点总结如图 1-63 所示。

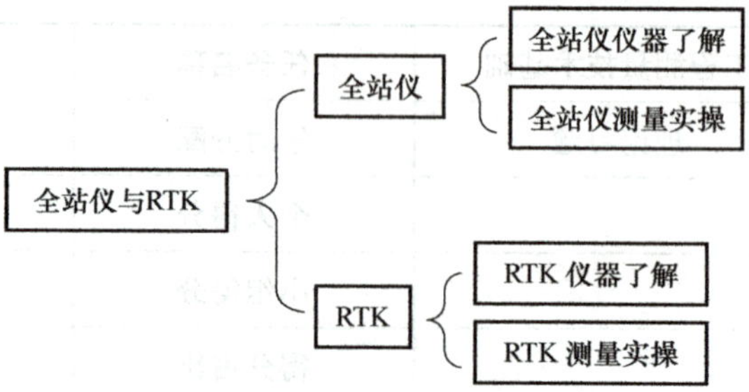

图 1-63　任务 5 知识点总结

项目 2

场地控制测量

地形图测绘

任务1　学习地形图测绘与应用

任务发布：小组讨论，理解地形图基本概念及测绘原理。

任务目标：

素质目标	知识目标	能力目标
◇ 塑造主动求知意识 ◇ 强化严谨认真态度	◇ 了解地形图相关概念 ◇ 掌握地形图测绘方法 ◇ 理解数字化测图基本原理	◇ 学会地形图识读方法 ◇ 学会地形图测绘方法

任务分析与学习：

1.1　地形图的基本概念

1.1.1　地形图

将地面物体形状和地面地势特性测绘成图绘制到图纸上，是工程测量中的一项重要工作。

地面上自然形成或人工修建的有明显轮廓的物体称为地物，如道路、桥梁、房屋、耕地、河流、湖泊等。地面上高低起伏变化的地势称为地貌，如平原、丘陵、山头、洼地等。地物和地貌合称为地形。

地形图是把地物和地貌形状、大小和位置，采用正投影方法，运用特定符号、注记、等高线，按一定比例尺缩绘于平面的图形。它既表示了地物的平面位置，也表示了地貌的形态。如果图上只反映地物的平面位置，不反映地貌的形态，则称为平面图。

地形图上详细地反映了地面上地物地貌的真实状态，人们可以在地形图上获得所需要的地面相关信息，地形图对于政治、军事、经济等方面都有着很重要的意义。对于工程方面的地质勘探、矿山开采、城市用地分析、城市规划、工程建设等方面也有着不可或缺的重要作用。地形图是在地貌的基础上叠加绘制地物的平面图形，即

地物+地貌⇨地形图

1.1.2　比例尺

地形图都需要按一定比例尺缩绘成图。地形图上某一直线段的长度 d 与地面相应距离的水平投影长度 D 之比称地形图比例尺。

（1）比例尺的分类　地形图比例尺可分为数字比例尺和图示比例尺。

1）数字比例尺：数字比例尺是用分子为 1，分母为整数的分数表示。若图

上一段直线长度为 d，实际水平长度为 D，则该图的比例尺为 $d/D=1/M$，式中 M 为比例尺分母。比例尺的大小是根据分数值来确定的，M 越小，此分数值越大，则表示比例尺也就越大，图上表示出的地物地貌就越详细。反之 M 越大，图上表示的地域范围越广，但地物地貌内容也就越粗略。数字比例尺也可以写成 1∶500、1∶1000 的形式。

2）图示比例尺：图示比例尺有直线比例尺和斜线比例尺等，直线比例尺是最常用的图示比例尺。

直线比例尺是根据数字比例尺绘制而成的。如 1∶1000 的直线比例尺，取 2cm 为基本单位，每基本单位所代表的实地长度为 20m。图示比例尺标注在图纸的下方，便于查看地形图时用分规直接在图上量取直线段的水平距离，由于图示比例尺与地形图在同一张图纸上，同步伸缩，所以图示比例尺可以抵消图纸伸缩对测量图上尺寸数据的影响。

（2）地形图按照比例尺分类

1）大比例尺地形图：比例为 1∶500、1∶1000、1∶2000、1∶5000、1∶10000 比例尺的地形图称为大比例尺地形图。大比例尺地形图多用于工程建设的规划设计，如被广泛应用于公路、桥梁、铁路、水利、城市规划、建（构）筑物建设等领域。

2）中比例尺地形图：比例为 1∶2 万、1∶2.5 万、1∶5 万、1∶10 万比例尺的地形图称为中比例尺地形图。

3）小比例尺地形图：比例为 1∶20 万、1∶50 万、1∶100 万比例尺的地形图称为小比例尺地形图。

（3）比例尺精度　根据人眼正常的分辨能力，在地形图上能够分辨的最小单位 0.1mm，相当于图上 0.1mm 的实地水平距离，对应地形图比例，计算得出实地距离即为比例尺精度，见表 2-1。

表 2-1　比例尺精度

比例尺	1∶500	1∶1000	1∶2000	1∶5000	1∶10000
比例尺精度	0.05m	0.1m	0.2m	0.5m	1m

1.1.3　地物在地形图上的表示方法

为了使地形图的测绘等相应工作得到统一管理，便于交流、识读和使用，国家有关部门对地形图上表示的要素、符号、注记等进行了规范化，实施了一系列标准，目前现行的是 GB/T 20257.1～GB/T 20257.4—2017（用《国家基本比例尺地图图式》表示），如图 2-1、图 2-2 所示。

在《国家基本比例尺地图图式》中，给出各自相应比例尺地形图上表示各种要素的符号、注记以及图廓整饰要求等。《国家基本比例尺地图图式》是测绘地形图的基本依据，也是识读和使用地形图的重要工具，对《国家基本比例尺地图图式》中未规定的地物、地貌符号，可自行规定，但必须在地形图上加注图例说明。

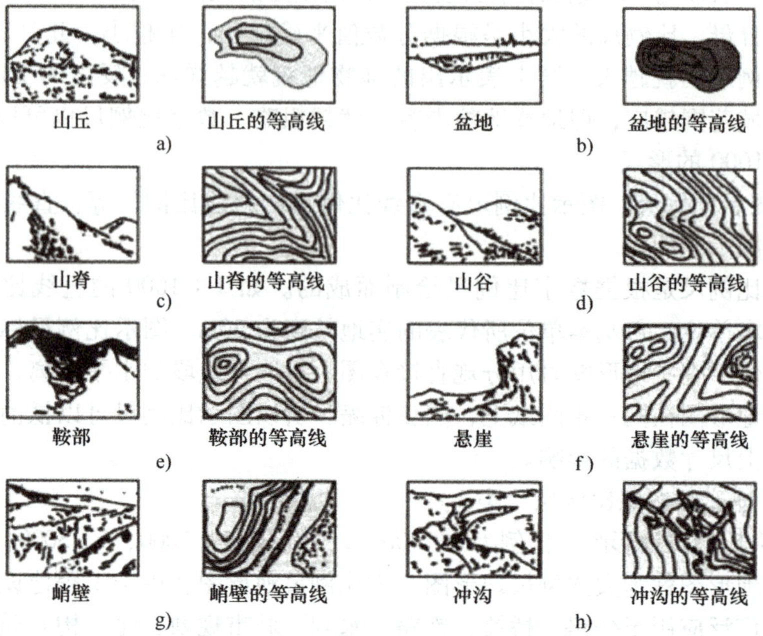

图 2-1　基本比例尺地图图式节选

编号	符号名称	符号式样 1:500	符号式样 1:1000	符号式样 1:2000	符号细部图	多色图色值
4. 2. 7	沟堑 a. 已加固的 b. 未加固的 2.6——比高	2.6 a b				K100
4. 2. 8	坎儿井 a. 竖井	0.3 a 1.0 4.0			3.2 1.6	C100
4. 2. 9	地下渠道、暗渠 a. 出水口	0.3 a 1.0 4.0 2.2			0.3 0.3 1.4 30	C100
4. 2. 10	输水渡槽(高架渠)	0.25			1.0	K100
4. 2. 11	输水隧道	1.2 0.6			1.0	C100

图 2-2　《国家基本比例尺地图图式》节选

《国家基本比例尺地图图式》中的符号有三类：依比例尺符号、不依比例尺符号、半依比例尺符号。

（1）依比例尺符号　地物的形状和大小，均按比例尺缩小，并用规范的符号描绘到图纸上，该符号称为依比例尺符号。依比例尺符号能全面反映地物的主要特征、位置、大小、形状，如房屋、农田、森林、湖泊等。

（2）不依比例尺符号　有些地物，轮廓较小，无法将其形状和大小按比例绘到图上，则不考虑其实际大小，而采用规定的符号表示之，这种符号称为不依比例尺符号，如塔、水井、独立树、里程碑、测绘控制点等。不依比例尺符号不仅其形状和大小不按比例绘出，而且符号的中心位置与该地物实地的中心位置关系，也随各种不同的地物而异，在测图和用图对应注意下列几点：

1）规则的几何图形符号（圆形、正方形、三角形等），以图形几何中心点为实地地物的中心位置。

2）底部为直角形的符号（独立树、路标等），以符号的直角顶点为实地地物的中心位置。

3）宽底符号（烟囱、岗亭等），以符号底部中心为实地地物的中心位置。

4）几种图形组合符号（路灯、消火栓等），以符号下方图形的几何中心为实地地物的中心位置。

5）下方无底线的符号（山洞、窑洞等），以符号下方两端点连线的中心为实地地物的中心位置。

各种符号均按直立方向描绘，即与南图廓线垂直。

（3）半依比例尺符号　地物的长度可按比例尺缩绘，而宽度不按比例尺缩小表示的符号称为半依比例尺符号。用半依比例尺符号表示的地物常常是一些带状延伸地物，如铁路、公路、通信电缆、管道、栅栏、城墙等。这种符号的中心线，一般表示其实地地物的中心位置。

（4）地物注记　对地物除了用以上符号表示外还用文字、数字或特有符号标记加以说明或补充，这些标记称为地物注记，如城镇、学校、河流、道路的名称，桥梁的长宽、载重量，江河的流向、流速、深度，道路的去向，森林、树木的类别等。

1.1.4　地貌在地形图上的表示方法

地貌是地形图要表示的重要信息之一，地貌的基本形态可以归纳为几种典型形态：山丘、洼地、山脊、山谷、鞍部、绝壁等。

（1）等高线的概念　地面上高程相等的相邻各点所连成的封闭曲线称为等高线。假设用一组高差间隔相同的水平面与山体相截，水平面与山体地面的边缘截线就是等高线，按比例尺缩绘于图纸上，加上高程注记，就形成了表示地貌的等高线图。工程测量中常用等高线表示地貌，如图2-3所示。

相邻等高线之间的高差称为等高距，常用字母 h 表示。在同一幅地形图上，等高距 h 相同。相邻等高线之间的水平距离称为等高线平距，常用字母 d 表示。$h/(dM)$ 表示地面坡度，常用字母 i 表示。等高线平距越小，地面坡度就越大；等高线平距越大，则坡度越小；等高线平距相等，则坡度相同。

（2）等高线的分类　等高线的分类如图2-4所示。

1）首曲线：又称基本等高线，按基本等高距绘制的等高线，绘制线宽为0.15mm细线。

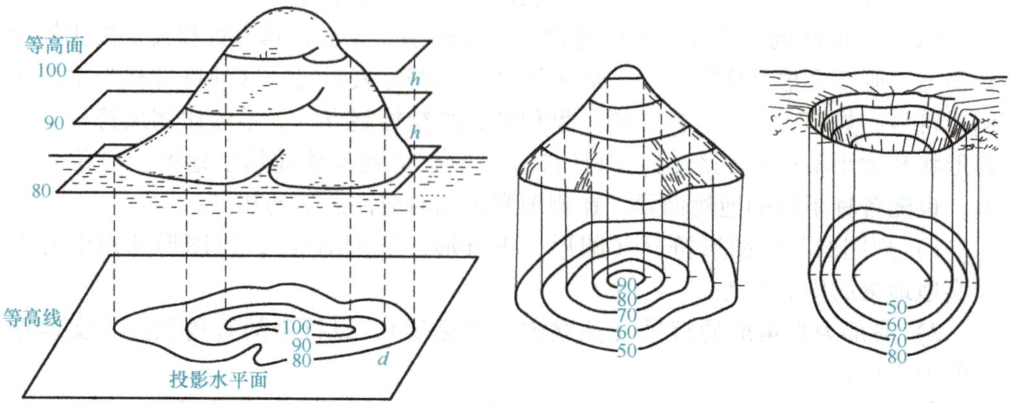

图 2-3　等高线

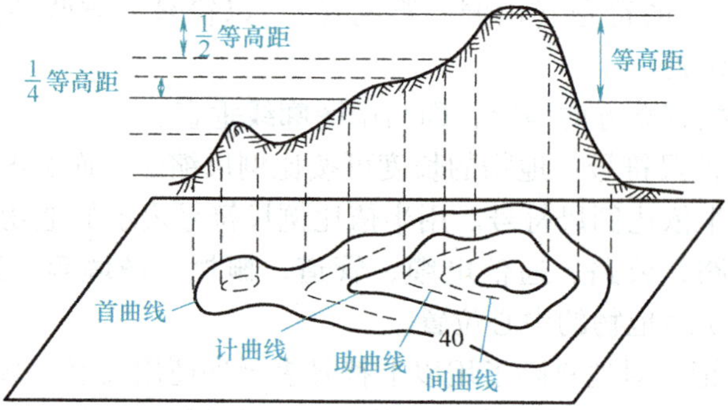

图 2-4　等高线的分类

2）计曲线：又称加粗等高线，为了计算和用图方便，每隔四条基本等高线，或者凡高程能被 5 整除的等高线，加粗描绘的基本等高线称为计曲线。绘制线宽为 0.3mm。

3）间曲线：又称辅助等高线，是当首曲线不能显示地貌特征时，按二分之一等高距描绘的等高线。间曲线用长虚线描绘。

4）助曲线：首曲线和间曲线不能显示局部微小地形特征时，按四分之一等高距加绘的等高线。助曲线用短虚线描绘。

间曲线和助曲线可不闭合。

（3）等高线的特性　为了更好地识读和绘制等高线，现将等高线的特性总结如下：

1）同一条等高线上各点的高程都相同。

2）等高线是闭合的曲线，如果不在本幅图内闭合，则必在图外闭合。

3）除在悬崖和绝壁处外，等高线在图上不能相交，也不能重合。

4）等高线的平距小表示坡度陡，平距大表示坡度缓，平距相同表示坡度相等。

5）等高线与山脊线、山谷线成正交。

1.1.5 地形图的分幅和编号

各种比例尺的地形图应进行统一的分幅和编号，以便进行测图、制图、管理和使用。地形图分幅方法分为两类：一类是按经纬线分幅的梯形分幅法；另一类是按坐标格网分幅的矩形分幅法。工程建设中常用的是矩形分幅法，这里仅就矩形分幅方法进行说明。

大比例尺地形图大多采用正方形和矩形分幅的 1∶2000、1∶1000、1∶500 地形图，其中图幅编号一般采用图廓西南角坐标编号法，也可选用行列编号法和流水编号法。

1.1.6 大比例尺地形图的测绘方法

大比例地形图的测绘通常采用碎部测图方法：

1）传统测图：采用平板仪、经纬仪测出控制点数据，再根据碎部点的坐标通过手工绘制成图。这种方法周期长，精度低，适于小区域大比例尺测图。工程建设适用于这种方法。

2）航空摄影测量：这种方法经航空摄影像片通过内业制作成图，适于大面积地形测图。

3）数字测图：地面数字测图方法是数字摄影测图和地图数字化，利用采集到的数据进行计算机处理，自动生成电子地形图。

1.2 模拟测图

1.2.1 模拟测图前的准备工作

（1）图纸的选用 可选磅纸（机械制图用的图纸），也可选聚酯薄膜。聚酯薄膜透明、不变形、可洗，伸缩率很小，且坚韧耐湿，图纸着墨后，可直接晒成蓝图。但聚酯薄膜纸易燃，折痕无法消除，在测图、使用、保管时需要注意。

（2）绘制坐标格网 如果选用的图纸没有网格，需要精确绘制网格，方格网的大小是 50cm×50cm 或 50cm×40cm，方格大小为 10cm×10cm 的直角坐标格网。方法可用坐标格网尺法、圆规对角线法或软件绘制方法（AutoCAD、CASS 等），线宽 0.1mm。

对角线法使用的工具是直尺和圆规。方法是先用直尺在图纸上绘出两条对角线，以交点 O 为圆心沿对角线量取等长线段，得 a、b、c、d 点，用直线顺序连接 4 个点，得矩形 $abcd$。从 a、d 两点起各沿 ab、dc 方向每隔 10cm 定一点；从 d、c 两点起各沿 da、cb 方向每隔 10cm 定一点，连接矩形对边上的相应点，即得坐标格网，如图 2-5 所示。

坐标格网绘制完成后，立即检查，方格的角点应在一条直线上，偏离不应大于 0.2mm；各个方格的对角线长度应为 141.4mm，容许误差为±0.3mm，图廓对角线长度与理论长度之差的容许误差为 ±0.3mm；若误差超过容许值则应修改或重绘。坐标格网线的旁边注记坐标值。

(3) 展绘控制点　例如，如图 2-6 所示，坐标网格中展绘控制点 *A*、*B*，*A*(647.43，634.52，4.50)，*B*(913.46，748.63，6.45)。

1) 确定坐标格网线的坐标、注记。

2) 确定控制点所在的方格，按比例尺展出，并标出高程高度。

3) 检查：在图上量取相邻控制点间的距离。其与理论值之差≤0.3mm(图上)。

以上步骤经检查无误，则测绘前的准备工作完成。

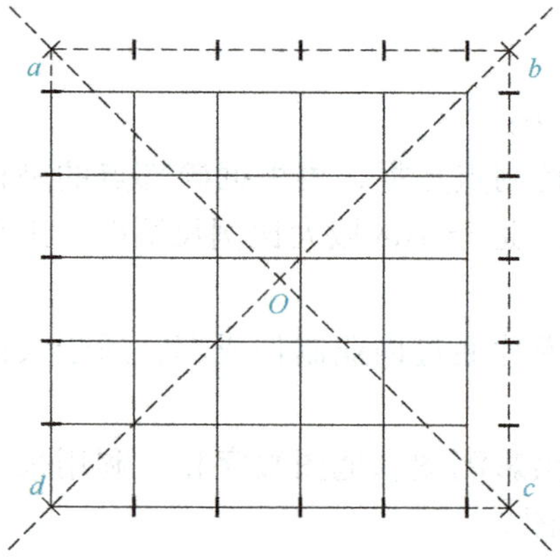

图 2-5　对角线法绘制坐标格网

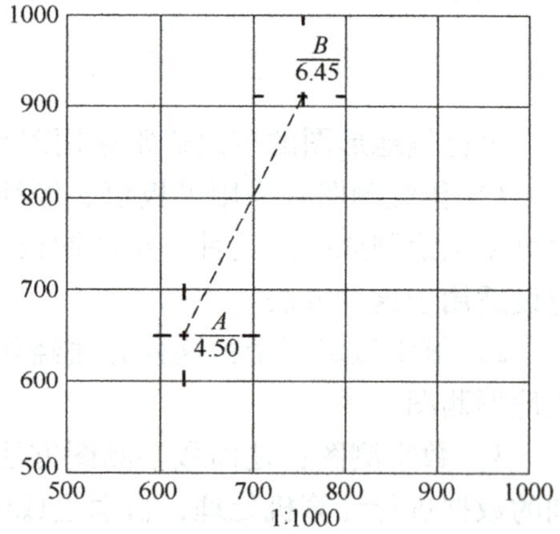

图 2-6　展绘控制点

1.2.2　地形测图碎步点的选择原则

1) 地物特征点的选择。地物特征点主要是地物轮廓的转折点，如房屋的转角，围墙、电缆、管线的转折点，道路、河岸线的转弯点、交叉点，凉亭、烟囱、电杆、独立树的中心点等。连接这些特征点，即可得到与实地相似的地物形状，如图 2-7 所示。

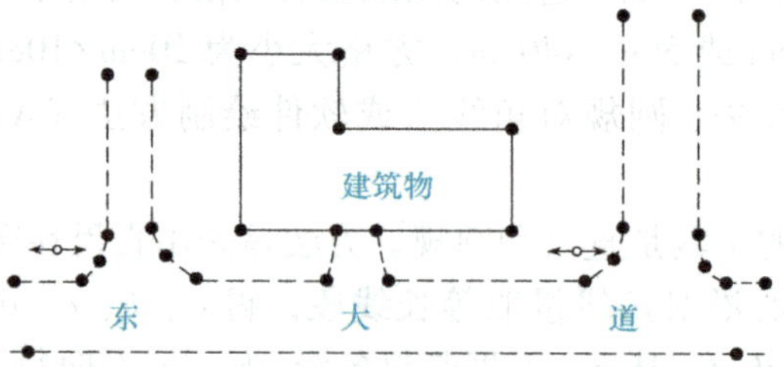

图 2-7　地物特征点

2) 地貌特征点的选择。对于地貌特征点，要选择最能反映地貌特征的地性线（也叫地貌结构线，它是地貌形态变化的棱线，如山脊线、山谷线、倾斜变换线、方向变换线等）上的点，如图 2-8 所示。

图 2-8　地貌特征点

3）选择地形图碎部点的最大间距和最大视距要求见表 2-2。

表 2-2　碎部点最大间距和最大视距

测图比例尺	地貌点最大间距/m	最大视距/m			
		主要地物点		次要地物点和地貌点	
		一般地区	城市建筑区	一般地区	城市建筑区
1：500	15	60	50	100	70
1：1000	30	100	80	150	120
1：2000	50	180	120	250	200
1：5000	100	300	—	350	—

1.2.3　经纬仪法测图

经纬仪法测图就是将经纬仪安置在控制点上，测绘板安置在测站旁，用经纬仪测出碎部点方向与已知方向之间的水平夹角；再用视距测量方法测出测站到碎部点的水平距离及碎部点的高程；然后根据测定的水平角和水平距离，根据比例尺用量角器将碎部点展绘在图纸上，并在点的右侧注记其高程；最后对照实地情况，按照地形图图式标准规定的符号在图纸上展绘出地形图。如图 2-9 所示，测绘具体步骤如下：

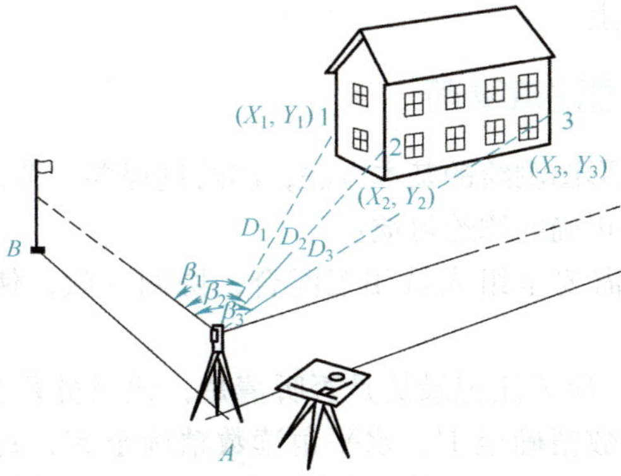

图 2-9　经纬仪法测图

(1) 安置经纬仪

1) 将经纬仪安置在控制点 A 上，量取仪器高，并记入碎部测量手簿。

2) 盘左瞄准另一控制点 B，安置水平度盘读为 0°00′，则 AB 称为起始方向。

3) 将小平板（测绘板）安置在测站附近，使图纸上控制边方向与地面上相应控制边方向大致一致。

4) 连接图上相应控制点 a、b，并适当延长 ab 线，则 ab 为图上起始方向线。

5) 用小定位针通过量角器圆心的小孔插在 a 点，使量角器圆心固定在 a 点。

准备工作就绪，下面开始测绘工作。

(2) 立尺　将视距尺立在地物地貌特征点上，如图 2-9 所示，先将尺立在 1 点上。

(3) 观测　观测员将经纬仪瞄准 1 点视距尺，读出视距丝尺间隔 l 值，中丝读数 v，竖盘读数 L 和水平角读数 β_1。同样读出碎部点 2 相应读数，记录员经回报确认后，将数据记入表单。

(4) 记录数据与计算　经纬仪法测图数据记录表单见表 2-3。

表 2-3　经纬仪法测图数据记录表单

测站：A　　定向：B　　仪器高：1.42m

测站高程：207.40m　　指标差：$X=0°$　　仪器：DJ6

测点	尺间隔 l/m	中丝读数 v/m	竖盘读数 L/(°) (′)	竖直角 α/(°) (′)	高差 h/m	水平角 β/(°) (′)	水平距离 D/m	高程 H/m	备注
1	0.760	1.420	93 28	−3 28	−4 59	114 00	75.7	202.81	
2	0.750	2.420	93 00	−3 00	−4.92	80 30	74.8	202.48	

(5) 展绘碎部点　根据表 2-3 中数据计算结果，使用量角器将碎部点展绘到图纸上。

点 1：水平角 114°00′，水平距离 75.7m，高程 202.81m；点 2：水平角 80°30′，水平距离 74.8m，高程 202.48m。

(6) 绘制地形图　参照实地情况，边测边绘，并按照地形图图式标准规定的符号将地物绘制到图纸上。

1.2.4　经纬仪法测图注意事项

经纬仪法测图是地形图测绘的基本方法，测绘过程要注意以下事项，确保数据准确，同时养成良好正确的测绘习惯：

1) 测图过程中，需要全组人员相互配合，协调一致，使工作有条不紊地进行。

2) 观测员读数时，应关注记录员是否听清楚，记录员要及时回报数据，确保数据准确。竖直角读数精确至 1′，水平角读数精确至 5′，每观测 20～30 个碎部点后，应检查起始方向的变化情况，确保起始方向度盘读数归零差不超过 4′。

3) 立尺员选点要有计划，避免重测和漏测碎部点，尽量一点多用，节约施测时间，减小误差，选择路径时尽量注意绘图方便，并协助绘图员检查图上与实地情况是否一致。

4）记录员、计算员一般由两人承担。记录要正确、工整、清晰。碎部点的水平距离和高程的计算均精确到厘米位，完成一点的计算后，应及时将数据报告绘图员。

5）绘图员应依据观测和计算的数据及时展绘碎部点，勾绘出地形图，并保持图面整洁，图式符号标准正确。

除了用经纬仪测图，还可以采用全站仪、卫星导航 RTK 测量数据，数字测图软件成图。

【拓展实践】 探索地形图检查、拼接与整饰的相关知识。

1.3 地形图的应用

地形图在工程中的应用比较广泛，通过地形图可以解决工程中的很多实际问题。

（1）确定地面点的高程

1）地面点在等高线上，直接通过等高线高程值得到点位高程。

2）地面点在等高线之间，采用内插法求得，如图 2-10 所示。

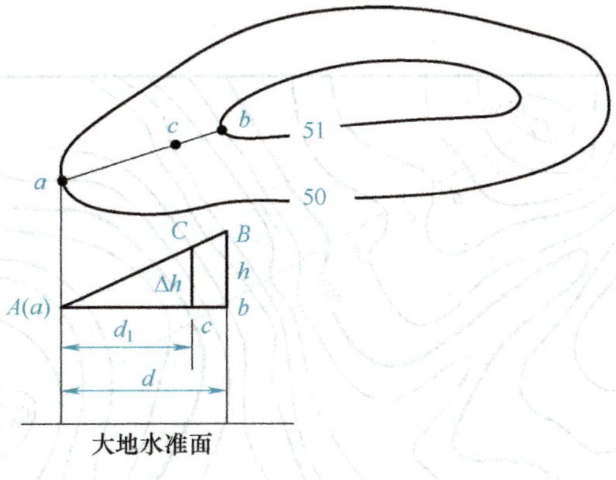

图 2-10　内插法求点位高程

通过 c 点作近似垂直相邻等高线的直线 ab，量取直线 ab 为 10mm，ac 为 6mm，则 c 点高程计算如下：

$$H_c = H_a + ac \div ab \times h$$

$$H_c = 50\text{m} + 6 \div 10 \times 1.0\text{m} = 50.6\text{m}$$

（2）确定地面点的坐标　依据地形图图框边线上标注的数字（坐标值），通过量取图上距离，确定地面点坐标。具体做法参照确定地面点高程的方法。

（3）确定直线长度、方向和坡度　方法有解析法和图解法。如图 2-11 所示，用直尺量取 AB 的长度，按照地形图比例计算 AB 间的水平距离。过直线 AB 端点

A 作出纵轴 X 的平行线方向线 AP，用量角器从方向线 AP 开始量取∠PAB 值，即得到直线 AB 的方位角。

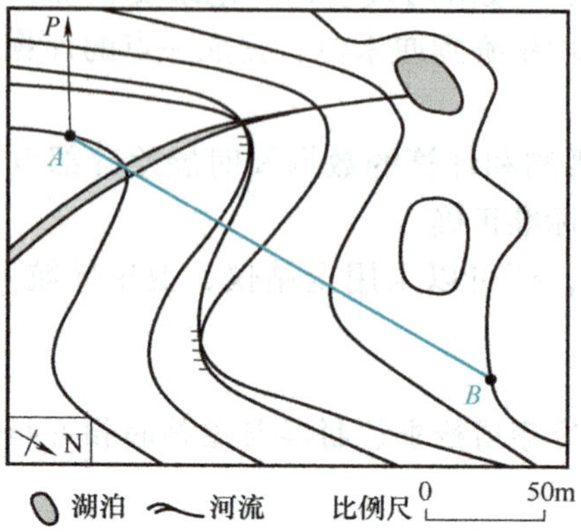

图 2-11　确定直线水平距离和方向

根据直线坡度公式，通过以上步骤求出的直线水平距离和高差数据，即可求出直线坡度 i，通常用百分数表示坡度。公式如下：

$$i=(H_B-H_A)\div D_{AB}=\times\times\%$$

（4）绘制指定方向断面图　以所求方向的水平距离为 X 轴，高程为 Y 轴（高程比例要放大 10 倍），按一定比例尺绘制表示地形变化的图形。找到各点在坐标系中对应的位置点，连接各位置点形的曲线即为方向线的断面图，如图 2-12 所示。

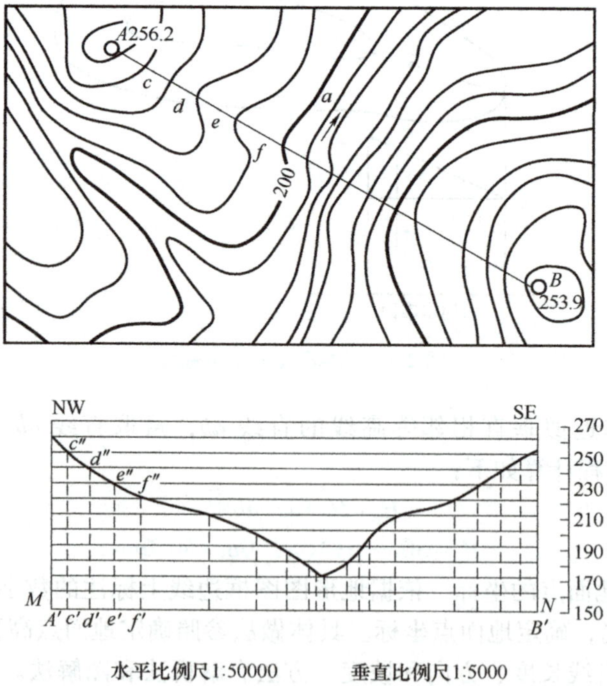

图 2-12　绘制指定方向断面图

（5）按限定坡度选定最短线路步骤　按照限定坡度值和比例尺计算相邻等高线间的最小平距 $D=h/i$，按照计算出的最小距离画弧，在等高线交点上得到最短距离线路。

地形图应用除了以上所述外，还可以进行汇水面积确定、图形面积计算等实际应用等，方法相近，这里不再详述。

测量小故事

高铁上的“网红”院士

一张照片让 78 岁高龄的中国工程院院士刘先林意外成了“网红”，如图 2-13 所示。

2017 年 6 月 12 日，在回北京的高铁二等座上，为了做好一场报告，78 岁高龄的刘先林院士仍然笔耕不辍。这张照片经人民日报官方报道后迅速引发国人点赞和致敬。

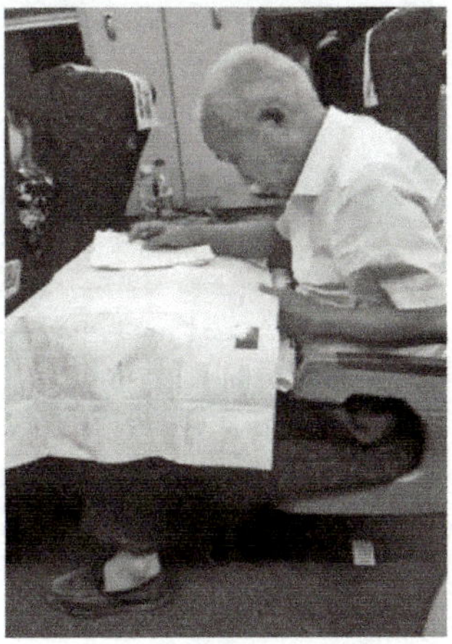

图 2-13　高铁上的院士“扫地僧”

刘先林（1939-04），中国工程院首批院士，毕生致力于测绘仪器国产化，两次获得国家科技进步一等奖。他曾用很少的科研经费，填补了多项国内测绘科研项目空白，为国家节省资金 2 亿多元，创汇 1000 多万元。

刘先林曾说，测绘工作最直观的体现就是大家手机里使用的地图，而他的工作就是把地球搬回家。

人民日报报道后，有读者留言：这才是民族之魂，共和国的脊梁。还有眼尖的读者发现了刘先林院士穿的旧皮鞋十分朴素，在留言中感慨：这又是一个“扫地僧式”的世外高人。

照片在网上流传开后，有许多官方记者希望联系到刘院士，做进一步报道。但是刘院士都委婉拒绝了。刘先林院士说：“国家给我的奖励和荣誉已经够多了，现在想把精力放在研究工作上。”

其实，作为中国工程院首批院士，刘先林院士还有不少传奇的经历。20 世纪 60 年代，国家急需 1∶10000 大比例尺地形测图，刘先林主动请缨，短短一年便研究出了“坐标法解析辐射三角测量”，解决了原来图解式平面加密方法精度低的难题，结束了我国先进测绘仪器全部依赖进口的历史。刘先林笑称自己是被“保送”的院士，因为他几乎不写论文，也不太注重申专利。他说，需要是发明之母，我搞的研究都是从国家需要出发，从测绘生产的需要出发。中国测绘科学研究院院长张继贤也这样形容他：“每当国内的测绘业发展到瓶颈阶段，刘老就会跳出来解决这个问题。”他通过研制测绘仪器有力地推动了整个行业的发展，大大加快了我国测绘从传统技术体系向数字化测绘技术体系的转变进程。

任务实施与评价:

任务工单 11（自测）

项目名称	场地控制测量	任务名称	地形图测绘与应用
训练方式	理论习题	学时分配	2
姓名		个人得分	
日期		小组得分	
学期成绩		得分占比	

任务习题：（每空 2 分，共 100 分）

1. 地面上自然形成或人工修建的有______的物体称为________，如道路、桥梁__________、__________、__________、__________、__________等。

2. 地面上高低起伏变化的____称为____，如平原、丘陵、____、____等。地形是____和____的合称。

3. 工程测量中常用______线表示地貌。等高线分类有____种。大比例尺地形图碎部测绘方法：根据测绘地形特点采用__________、__________、__________方法测图。

4. 地形图是把地面上的____和____形状、大小和位置，采用____投影的方法，运用特定符号、____、____，按一定比例尺缩绘于平面的图形。它既表示了地物的______，也表示了地貌的__________。

5. 如果地形图只反映地物的________________，不反映地貌的形态，则称为______________。

6. 地形图对于政治、_____________、__________等方面，都有着重要的意义。对于工程方面的地质勘探、______、城市用地分析、______、______等方面也有着不可或缺的重要意义。

7. 地形图都需要按一定比例________成图。地形图上某一直线段的长度 d 与地面相应距离的水平投影长度 D 之比称为______________。

8. 地形图比例尺可以分为________________________、________________________。

9. 地形图按照比例尺可以分为________________、________________、________________三种。

10. 地形图上人眼能够分辨的最小分辨率单位为________ mm，如地形图的比例尺为 1 : 500，相当于人眼能在地形图上识别的比例尺精度为________________________的实地水平距离。

11.《国家基本比例尺地图图式》中的符号有三类，即____________、____________、____________。

12. 对地物除了用符号表示外还用文字、________或______标记加以说明或补充，这些标记称为地物________，如城镇________、________、________等。

任务工单 12（自测）

项目名称	场地控制测量	**任务名称**	地形图测绘与应用
训练方式	理论习题	**学时分配**	2
姓名		**个人得分**	
日期		**小组得分**	
学期成绩		**得分占比**	

任务习题：（每空 2.5 分，共 100 分）

1. 地形图测绘的图纸可选用__________和__________。其中__________纸坚韧耐湿，伸缩率小，但也有两个明显的缺点，即__________、__________。

2. 如果选用的图纸没有网格，需要精确绘制网格，方格网的大小尺寸是____________或__________，方格大小为__________的直角坐标格网。格网的绘制线宽为______________。

3. 对角线法绘制格网使用的工具是________和______。坐标格网线的旁边注记________值。

4. 地物特征点主要是地物轮廓的______点，如房屋的转角，围墙、__________、__________的转折点，道路、河岸线的__________、________，凉亭、烟囱的________等。连接这些特征点，即可得到与实地相似的__________。

5. 对于地貌特征点，要选择最能反映__________________的地性线，也叫__________线。选择地形图碎部点的最大间距和最大视距：当在城市建筑区中，测图比例尺为 1∶1000 时，地貌点最大间距为______________，最大视距为____________。

6. 经纬仪法测图就是将__________安置在__________点上，测绘板安置在__________旁，用经纬仪测出__________点方向与已知方向之间的__________；再用视距测量方法测出测站到碎部点的______及碎部点的______；然后根据测定的______________和______________，根据______用______将碎部点展绘在图纸上，并在点的右侧注记其__________。

7. 地形图应用中，地面点在等高线上，直接通过__________值得到点位高程。地面点在等高线之间，采用____________法求得。

8. 依据地形图______________的数字，通过量取图上距离确定地面点坐标。

9. 确定直线长度、方向和坡度时，方法有解析法和______________两种。绘制指定方向断面图，以所求方向的水平距离为 X 轴，高程为 Y 轴（高程比例要放大__________倍）。

任务工单13（实操）

<table>
<tr><td>项目名称</td><td>场地控制测量</td><td>任务名称</td><td colspan="3">经纬仪法测图</td></tr>
<tr><td>训练方式</td><td>场地实操</td><td>学时分配</td><td colspan="3">2</td></tr>
<tr><td>姓名</td><td></td><td rowspan="4">个人得分（100分）</td><td rowspan="4"></td><td>团队协作（20分）</td><td></td></tr>
<tr><td>日期</td><td></td><td>仪器操作（30分）</td><td></td></tr>
<tr><td rowspan="2">学期成绩</td><td rowspan="2"></td><td>数据整理（30分）</td><td></td></tr>
<tr><td>笔记整理（20分）</td><td></td></tr>
</table>

1. 任务布置

第一步：各组准备好格网图纸，按照场地划分安排，踏勘各组控制点BMA、BMB、BMC，待测点1、2、3、4等位置，再次查验测量仪器、工具是否齐全、完好。

第二步：由组长主持团队成员，在任务工单中（示例图下方）绘制出现场测量路线草图，并按场地地标名称标出控制点、待测点、施测方向（测量内业计算完成后再将具体坐标、数据补入草图），并进行角色轮换工作安排。

第三步：准备外业经纬仪法测图记录表单，由控制点出发按照草图绘制方向开始测量。施测过程中，记录人员将测量数据正确清晰地填入记录表单对应单元格，并进行必要的计算。注意相互配合，及时绘制。

第四步：外业测量完成后，由组长主持团队成员一起进行内业数据成果整理，计算数据填入成果表单，并进行检核。经反复检核合格，表单填写完成，必要线条绘制完成，方可收队，整理仪器设备。绘图整饰工作可以回室内进行。若测量数据经检核有误，须重测。

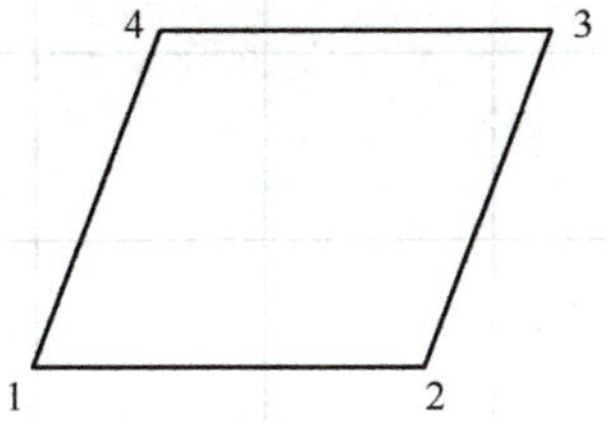

地形图草图示例

现场地形图草图

2. 任务分析

经纬仪法测图的实操过程就是在控制点上对碎部点进行高程、水平角、水平距离的测量，具体测量过程需要团队成员协调合作，对待数据处理要严谨认真。

【思考】 *碎部点的选择、测量路线安排对地形图测绘成果有何影响？*

3. 注意事项

1）测量方案的路线要提前商定，遇到问题时团队成员相互协作共同解决。

2）仪器操作人员和数据记录人员要密切配合，严格遵守回报习惯，数据计算要安排第三人协同核查。

3）数据记录要做到清晰、工整、正确，不允许涂抹，地形图线条要及时勾绘，现场勾绘线条要轻。

4）扶尺人员注意立尺要垂直，并关注仪器操作人员指挥手势。

5）绘图人员注意图式符号要标准正确。

6）测量过程中注意保护仪器，不准坐仪器箱，同时做到“仪器不离人”。

4. 任务实施

经纬仪法测图。

（续）

经纬仪法测图数据记录表单									
测站：________			定向：________			仪器高：____ m			
测站高程：____ m			指标差：$X=$________			仪器：DJ6			
测点	尺间隔 l/m	中丝读数 v/m	竖盘读数 L/(°)(′)	竖直角 α/(°)(′)	高差 h/m	水平角 β/(°)(′)	水平距离 D/m	高程 H/m	备注

【思考】 建筑物的层数及层高对于地形图施测碎部点的选择有没有影响？为什么？

任务总结： 本次任务为实操性质知识，知识点总结如图 2-14 所示。

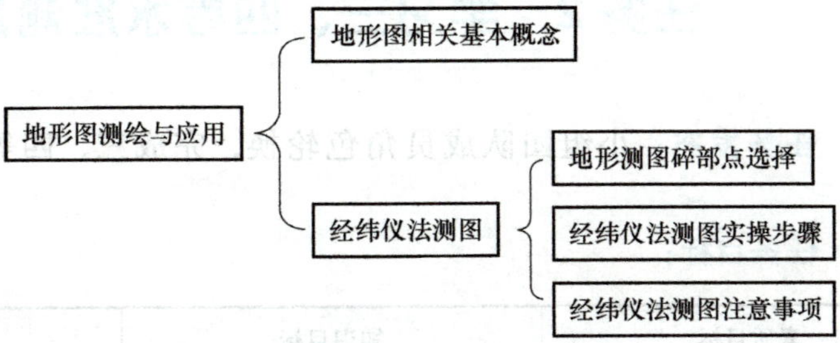

图 2-14　任务 1 知识点总结

三、四等水准外业观测和内业处理

三、四等水准应用范围及规范要求

四等水准测量外业实操

任务 2　学习三、四等水准测量

任务发布： 小组团队成员角色轮换，完成三、四等水准测量外业和内业。

任务目标：

素质目标	知识目标	能力目标
◇ 塑造精益求精工匠理念 ◇ 加强团队协作意识 ◇ 强化扎实学识基础观念	◇ 理解三、四等水准测量的目的 ◇ 掌握三、四等水准测量的步骤、方法 ◇ 掌握三、四等水准测量的精度检核	◇ 学会三、四等水准测量操作 ◇ 学会三、四等水准测量数据处理

任务分析与学习：

2.1 高程控制测量概述

高程控制测量常用的方法是三角高程测量和水准测量，三角高程测量的测量过程及计算方法都很简单，这里就不再叙述。采用水准测量进行的高程控制测量根据测量精度要求不同可以采用三、四等水准测量和图根测量，图根测量精度比较低，这里主要讲述三、四等水准测量的高程控制测量方法。

2.2 三、四等水准测量的应用及规范要求

三、四等水准测量，除了可以应用于国家高程控制网的加密测量，还可以用于小区域的首级高程控制网测量。三、四等水准测量的已知控制点应该尽量选择附近且级别更高的一、二级水准点，如果附近没有精度更高级别的水准点或位置不方便引用，那么小区域高程控制测量，可以采用闭合水准路线进行首级独立高程控制网的测量，测量精度通过闭合差限差值来保证。三、四等水准测量的视线长与视线高的要求见表 2-4，测站观测限差的要求见表 2-5，往返测高差不符值、环线闭合差和检测高差之差的限值不超过表 2-6 的规定。

表 2-4　三、四等水准测量视线长与视线高的要求　　（单位：m）

等级	视线长度		前后视距差	每站的前后视距积累差	视线高度
	仪器类型	视距			
三等	DS3	≤75	≤2.0	≤5.0	三丝能读数
	DS1，DS 05	≤100			

（续）

等级	视线长度		前后视距差	每站的前后视距积累差	视线高度
	仪器类型	视距			
四等	DS3	≤100	≤3.0	≤10.0	三丝能读数
	DS1，DS 05	≤150			

表 2-5　测站观测限差的要求　（单位：mm）

等级	观测方法	基、辅分划（黑红面）读数的差	基、辅分划（黑红面）所测高差的差	单程双转点法观测时，左右路线转点差	检测间歇点高差的差
三等	中丝读数法	2.0	3.0	—	3.0
	光学测微法	1.0	1.5	1.5	
四等	中丝读数法	3.0	5.0	4.0	5.0

表 2-6　三、四等往返测高差不符值、环线闭合差和检测高差之差的限值的要求

（单位：mm）

等级	测段、路线往返测高差不符值	测段、路线的左、右路线高差不符值	附合路线或环线闭合差		检测已测测段高差的差
			平原	山区	
三等	$\pm12\sqrt{K}$	$\pm8\sqrt{K}$	$\pm12\sqrt{L}$	$\pm15\sqrt{L}$	$\pm20\sqrt{R}$
四等	$\pm20\sqrt{K}$	$\pm14\sqrt{K}$	$\pm20\sqrt{L}$	$\pm25\sqrt{L}$	$\pm30\sqrt{R}$

注：1. K 为路线或测段的长度（km）；L 为附合路线（环线）长度（km）；R 为检测测段长度（km）。

2. 山区指高程超过 1000m 或路线中最大高差超过 400m 的地区。

2.3 三、四等水准测量的观测

（1）观测方法　三、四等水准测量，根据场地特点及已知水准控制点情况，布设水准路线。仪器可以采用 DS3 型水准仪，水准尺可以用双面尺，观测顺序可简述为后-前-前-后，即在每个测站上的观测顺序为：

1）后视黑面，依次读取上丝、下丝和中丝读数。

2）前视黑面，依次读取上丝、下丝和中丝读数。

3）前视红面，读取中丝读数。

4）后视红面，读取中丝读数，记录表单表头见表 2-7。

由表 2-7 可知，每站观测记录表单共有 18 个数据需要填写，其中（1）~（8）号数据是观测数据，（9）~（18）号数据是计算数据，观测过程中，只有当观测数据、计算数据都完成，并根据检核标准核对，本站数据均未超限，数据合格的情况下，方可搬站。若经过观测和计算，发现数据超限，首先要检查数据计算是否有误，如果经过检查不是计算错误，则需要根据超限数据特点重新调整施测。下面就观测记录表单中所有数据的填写过程，进行详细讲解。

表 2-7　三、四等水准测量观测记录表单表头

<table>
<tr><th rowspan="4">测站编号</th><th rowspan="2">后尺</th><th>上丝</th><th rowspan="2">前尺</th><th>上丝</th><th rowspan="4">方向及尺号</th><th colspan="2" rowspan="2">标尺读数</th><th rowspan="4">K+黑-红</th><th rowspan="4">高差中数/m</th><th rowspan="4">备注</th></tr>
<tr><th>下丝</th><th>下丝</th></tr>
<tr><th colspan="2">后视距</th><th colspan="2">前视距</th><th rowspan="2">黑面</th><th rowspan="2">红面</th></tr>
<tr><th colspan="2">视距差（d）</th><th colspan="2">Σd</th></tr>
<tr><td rowspan="4"></td><td colspan="2">(1)</td><td colspan="2">(4)</td><td>后</td><td>(3)</td><td>(8)</td><td>(14)</td><td rowspan="3">(18)</td><td rowspan="4">K 为水准尺常数，即尺底红面分划读数</td></tr>
<tr><td colspan="2">(2)</td><td colspan="2">(5)</td><td>前</td><td>(6)</td><td>(7)</td><td>(13)</td></tr>
<tr><td colspan="2">(9)</td><td colspan="2">(10)</td><td>后-前</td><td>(15)</td><td>(16)</td><td>(17)</td></tr>
<tr><td colspan="2">(11)</td><td colspan="2">(12)</td><td colspan="5"></td></tr>
</table>

首先在后视尺黑面读出（1）~（3）号数据，其中（1）号数据为后视尺上丝读数（若望远镜呈倒像，则为下丝。前尺读数规则相同），（2）号数据为后尺黑面下丝读数，（3）号数据为后尺黑面中丝读数。数据按照要求对应单元格填入表单。

然后旋转望远镜筒，读取前尺（4）~（6）号数据，其中（4）号数据为前尺黑面上丝读数，（5）号数据为前尺黑面下丝读数，（6）号数据为前尺黑面中丝读数。对应单元格位置，将数据正确填入表单。

仪器操作人员指挥前尺扶尺人员翻转尺面，读取前尺红面中丝读数，即（7）号数据，对应单元格填入表单；旋转望远镜筒向后尺，指挥后尺扶尺人员翻转尺面，读取后尺红面中丝读数，即（8）号数据，对应单元格填入表单。

到此为止，表单中读取（1）~（8）号数据全部完成。注意这八个数据，读数人员对每个数据读出口，都是四个数字。记录人员复读数据，读数人员同时验证无误，记录人员将数据对齐填入相应单元格内，同时正确标注小数点。

下面主要由记录人员开始进行本站数据计算，仪器操作人员协同把关。通过（1）、（2）号数据之差，得到（9）号数据为后视距，注意标记小数点位置。同理通过（4）、（5）号数据之差，得到（10）号数据为前视距。然后计算（9）、（10）号数据之差，得到（11）号数据为本站后视距与前视距之差，注意正负号。（12）号数据为累计视距差，第一站累计视距差与视距差相同，后续测站累计视距差则需要将本站视距差与上一站累计视距差进行代数求和计算得出。通过（3）、（6）号数据之差，得到（15）号数据为黑面高差，通过（8）、（7）号数据之差，得到（16）号数据为红面高差。根据表头“K+黑-红”计算（14）号数据为后尺黑红读数差值，注意后尺的 K 值，同理计算前尺黑红读数差值（13）号数据。然后计算（14）、（13）号数据之差，得到（17）号数据为黑红面所测高差的差值。根据表 2-5 查取限差，如测量标准为四等水准测量，那么黑红面读数的差的限差值为 3.0mm，黑红面所测高差之差限差值为 5.0mm。对比本站计算出的（14）、（13）、（17）号数据，检核是否超限。如数据均未超限，则计算（15）、（16）号数据的平均值为（18）号数据，即高差平均数。到此本测站所有数据完成。

计算过程中有检核标准的有 5 个数据，为（11）、（12）、（14）、（13）、（17）号数据，其中（11）、（12）号数据，需要根据表 2-4 查取，（14）、（13）、（17）号数据处理方法，上面已经详细说明。当所有检核标准合格，方可搬站。

若有任一数据超限不合格，经过检查也不是计算错误，则需要根据超限数据特点重新调整施测。

后续测站读数、记录、计算、检核方法均相同。每一测站均需要严格遵守测量规则进行，才能确保最终测量结果的精准度。所有测站施测完成后还需要进行闭合差检核，根据表 2-6 查取，如测量标准为四等水准测量，选用测量路线为闭合线路，场地环境为平坦地面，查表 2-6 得出，闭合差限差值为$\pm20\sqrt{L}$，其中 L 为测量路线中所有后视距与前视距之和，注意这里 L 单位调整为 km。闭合差限差值计算完成后与所有测站高差平均值之和进行比较，若高差之和在闭合差限定范围内则满足要求，整个测量过程闭合差合格。若高差之和超出限定范围，则要进行查验或重新调整施测。

施测过程中，团队成员必须协同合作，密切配合，才能高效快速完成外业测量工作任务。

（2）外业观测实例　平坦场地进行四等水准测量，采用 DS3 型水准仪和双面水准尺，水准尺一对，黑面尺底刻划标记数均为 0，红面尺底一根下部标记数字为 48，尺底部刻划标记数为 4787，另一根红面下部数字标记为 47，尺底部刻划标记数为 4687。查取表 2-4 得出四等水准测量单段视距限差值为 100m，视距差限差值为 3. 0m，累计视距差限差值为 10. 0m；查取表 2-5 得出四等水准测量单根尺黑红面读数差限差值为 3. 0mm，高差之差限差值为 5. 0mm；查取表 2-6 得出四等水准测量闭合差限差值平坦场地计算公式为$\pm20\sqrt{L}$。准备工作就绪，开始进行水准测量外业工作，每测站具体操作按照上述讲述说明，先记录 8 个读数，观测顺序通常为后-前-前-后。再进行 10 个数据的计算，注意小数点位置标记，进行数据计算的同时注意其中 5 个数据的限差检核，若 18 个数据完成，并均经检核合格，记录人员示意仪器操作人员可以搬站并使用标准手势指挥远处的后尺人员搬站。同时本站前尺人员向路线前进方向旋转尺面，并注意尺根位置不能移动或是沉降。

下面以闭合水准路线，共设 4 个测站场地的情况为例，外业记录表单见表 2-8。

表 2-8　三、四等水准测量外业记录表单

测站编号	点位号	后尺 上丝/下丝；后视距；视距差（d）	前尺 上丝/下丝；前视距；$\sum d$	方向及尺号	标尺读数 黑面	标尺读数 红面	K+黑-红/mm	高差中数/m	备注
		(1)	(4)	后	(3)	(8)	(14)	(18)	K为水准尺常数
		(2)	(5)	前	(6)	(7)	(13)		
		(9)	(10)	后-前	(15)	(16)	(17)		
		(11)	(12)						
1	BM1—TP1	1170	1870	后 48	1100	5887	0	-0. 709	
		0330	1045		1809	6496	0		
		84. 0	82. 5		-0. 709	-0. 609	0		
		1. 5	1. 5						

（续）

测站编号	点位号	后尺 上丝	前尺 上丝	方向及尺号	标尺读数		K+黑-红/mm	高差中数/m	备注
		后尺 下丝	前尺 下丝						
		后视距	前视距		黑面	红面			
		视距差（d）	Σd						
2	TP1—TP2	1380	1515	后 47	1330	6015	+2	-0.125	K 为水准尺常数
		0465	0570		1455	6240	+2		
		91.5	94.5		-0.125	-0.225	0		
		-3.0	-1.5						
3	TP2—TP3	1880	1395	后 48	1800	6585	+2	0.510	
		0905	0400		1290	5975	+2		
		97.5	99.5		0.510	0.610	0		
		-2.0	-3.5						
4	TP3—BM1	1900	1540	后 47	1800	6487	0	0.340	
		0900	0560		1460	6247	0		
		100	98		0.340	0.240	0		
		2.0	-1.5						
Σ	$L=(84.0+82.5+91.5+94.5+97.5+99.5+100+98)/1000=0.7475\text{km}$								
	$f_{h容}=\pm20\sqrt{L}=\pm20\sqrt{0.7475}\text{mm}=17.29\text{mm}$								
	$\sum h_{测}=(0.340+0.510-0.709-0.125)\text{m}=0.016\text{m}=16\text{mm}$								
	由于$\sum h<f_{h容}$，闭合差检核合格，可以进行平差计算								

闭合水准路线草图如图 2-15 所示。

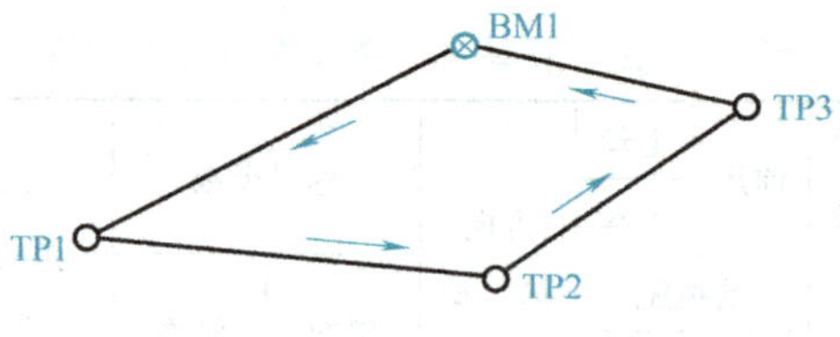

图 2-15　闭合水准路线草图

（3）水准测量成果整理计算　内业计算必须在外业记录单经检核后，所有数据均合格的基础上进行。

1）高差闭合差的计算。

① 闭合水准路线：闭合水准路线出发与结束在同一水准点，所以高差之和的理论值应该等于零，但由于各种原因导致的误差存在，使得实测高差之和往往不等于零，这个高差之和称为闭合水准路线的闭合差，通常用字母 f_h 表示。计算公式如下：

$$f_h=\sum h_{测}$$

② 附合水准路线：附合水准路线是由一个已知高程水准点附合到另一个已知高程水准点，测量路线的所有测段高差之和应该等于两个已知水准点高程之差。但由于各种原因导致的误差存在，使得实测高差之和并不等于理论高程之差，这个差值称为附合水准路线的高差闭合差。通常用字母 f_h 表示。计算公式如下：

$$f_h=\sum h_{测}-\sum h_{理}=\sum h_{测}-(H_{终}-H_{始})$$

③ 支水准路线：测量精度要求不高，距离较近的情况下，常选用支水准路线。通过往返测，得出往测高差之和，与返测高差之和做比较，理论上这两个高差之和应该是两个大小相等符号相反的数，两者相加的结果应该为零。但由于各种原因导致的误差存在，使得往返之和相加常常并不为零，这个差值称为支水准路线的高差闭合差。通常用字母 f_h 表示。计算公式如下：

$$f_h=\sum h_{往}-\sum h_{返}$$

闭合差为零是理想状态，但往往由于各种原因（人导致的、天气环境导致的、仪器精度导致的等）的存在，使得闭合差并不等于零，根据测量精度级别要求满足最高限差值容许值规定，这个限差容许值需要计算得出，根据测量精度级别与场地特点查表 2-6 得出，如测量场地是平坦场地，测量精度级别为四等水准测量，那么闭合差容许值的计算公式如下：

$$f_{h容}=\pm 20\sqrt{L}$$

其中 L 为测量路线视距之和，单位为 km。

经过计算检核，闭合差小于闭合差容许值，即 $f_h<f_{h容}$，则表明可以进行数据成果整理计算，否则需要查明原因，重新计算或观测。

2）高差闭合差的调整与高程计算。

① 高差闭合差的调整计算。当高差闭合差小于闭合差容许值时，进行闭合差调整计算，水准路线的高差闭合差的分配原则为将闭合差值按距离或测站数成正比反号调整到各测段的实测高差数值上。计算公式如下：

$$V_i=-\frac{f_h}{\sum L}\times L_i$$

$$或\ V_i=-\frac{f_h}{\sum n}\times n_i$$

高差改正数的总和应该与高差闭合差大小相等符号相反，公式如下：

$$\sum V_i=-f_h$$

计算完成后，用上式进行验算，检核高差调整计算的正确性。

② 改正后的高差计算。将各测段高差观测值与高差改正数进行求和计算，结果即为各测段改正后的高差，计算公式如下：

$$h_i=h_{i测}+V_i$$

对于支水准路线，当闭合差在高差限差范围内时，可取各测段往返测平均高差为改正后高差，计算公式如下：

$$h_i = \frac{h_{往} - h_{返}}{2}$$

③ 计算各点高程。根据出发点的已知高程，沿测量路线前进方向逐一推算出其他各点的高程值，最后一个点的高程推算值作为检核计算值。若测量路线为闭合水准路线，最后一个点的高程值等于出发点的已知高程值；若测量路线为附合水准路线，则最后一个点的高程值等于终点的已知高程值。计算该值时若出现数据对不上的情况，说明计算过程中出现错误，需要倒推查找计算出错点。

3）闭合水准路线成果整理实例。闭合水准路线高差调整与高程计算表见表 2-9。

表 2-9　闭合水准路线高差调整与高程计算表

点号	测量路线/km	测站数(*n*)	实测高差/m	改正数/mm	改正后高差/m	高程/m	备注
BM1						100. 000	BM1 的高程为已知
	0. 17	1	−0. 709	−4	−0. 713		
TP1						99. 287	
	0. 19	1	−0. 125	−4	−0. 129		
TP2						99. 158	
	0. 20	1	+0. 510	−4	+0. 506		
TP3						99. 664	
	0. 20	1	+0. 340	−4	+0. 336		
BM1						100. 000	
Σ	0. 76	4	0. 016	−16	0		
辅助计算	$f_h = \sum h_{测} - \sum h_{理} = 16\text{mm}$ $f_{h容} = \pm 20\sqrt{L} = \pm 17\text{mm}$ $f_h \leqslant f_{h容}$ 符合精度要求 $v_i = -f_h / \sum n = -4\text{mm}$ 每测站 $\sum v_i = -16\text{mm} = -f_h$，计算无误						

根据上述水准路线成果整理计算步骤，进行高差平差成果整理计算，具体计算过程不再重复。

以上实例是以闭合水准路线为例进行的外业记录（见表 2-8）与内业计算（见表 2-9），附合水准路线和支水准路线的原理与闭合水准路线相同，这里不再赘述。

【拓展实践】 根据上述闭合水准路线的外业与内业记录和计算步骤，拓展研究附合水准路线的外业与内业计算表单的整理方法与步骤。

测量小故事

港珠澳大桥总工程师　林鸣

港珠澳大桥岛隧工程难度最大的部分由林鸣总工程师（图2-16）主持建设。这是我国建设的第一条沉管隧道，也是世界上规模最大的公路沉管隧道和唯一的深埋沉管隧道，设计施工均无成熟经验可以借鉴。他以一种“强国筑梦”的责任感，义无反顾地率领团队承担起攀登世界建桥技术高峰的重任，践行着“中国工匠”的崇高使命。

图2-16　港珠澳大桥总工程师林鸣在施工现场

林鸣的担当品格，早已成为土木工程业界的一面旗帜。在2000年，林鸣负责建设我国第一大跨径悬索桥的润扬大桥，其中南汊悬索桥北锚碇因其体量大被誉为“神州第一锚”。北锚碇需要在长江边上深50m的基坑内施工，长江和基坑之间的土堤若有闪失，江水将瞬间灌满基坑。工人们望而却步时，林鸣毅然拿起小板凳坐在基坑底陪工人们一起施工。润扬大桥通车时，林鸣与小板凳的故事上了央视《新闻联播》，他被誉为“定海神针”。

十多年后，在超级工程港珠澳大桥建设中，林鸣更是毫不犹豫地扛起了工程责任的全部重担。港珠澳大桥沉管隧道第一节沉管浮运安装时，由于没有经验，安装的过程充满挑战、困难重重，林鸣一边严肃地安排处理每一项安装过程中的难题，一边轻松地笑着对大家说：“第一次尝试世界最长的海底沉管隧道施工，轻轻松松就成功了，还叫什么世界级工程？”林鸣一直站在安装船上沉着指挥各项工作。终于第一节沉管顺利安装就位，创造了我国沉管隧道建设的先河。

回望三十多年的工程建设历程，林鸣常说，当国家需要建设与发展，创新和担当便不仅仅是一位建设者、一支工程队伍的职责，更是使命。林鸣的态度永远铿锵坚定、掷地有声：“我们所建设的，从来也不是单纯意义上的商业项目，而是大国的经济宏图。作为央企，必须要承担起共和国长子应有的责任。”

2017年是岛隧工程的收官之年，在5月份沉管隧道合龙贯通后，建设团队全面进入“第四战役”决胜阶段。林鸣每天到“两岛一隧”检查指导工作，随时解决现场难题，半年时间完成了一年半的工程量。林鸣用更加严格的标准管控工程，始终以“零瑕疵”工程的要求，把每一个细节做到极致，筑就了东西人工岛两座“最美地标”和一条“最美隧道”，也为国家打造了一座百年丰碑。

任务实施与评价：

任务工单 14（自测）

项目名称	场地控制测量	任务名称	三、四等水准测量
训练方式	理论习题	学时分配	2
姓名		个人得分	
日期		小组得分	
学期成绩		得分占比	

任务习题：（每空 2 分，共 100 分）

1. 高程控制测量的方法有______、________。水准测量进行的高程控制测量根据________要求不同，可以采用__________、__________，________测量精度比较低。

2. 三、四等水准测量的作用有__________、__________。三、四等水准测量的已知控制点的选择原则是_________。闭合水准路线在水准控制测量过程中的选用情况是____________和____________。测量精度用_________________________方法来保障。

3. 三等水准测量采用 DS3 型水准仪，视距限制长度为______ m，前后视距差限差值为______，累计视距差限差值为________，单位是______。视线高度要求为__________。

4. 四等水准测量，采用中丝读数法观测，基、辅分划读数限差值为________，单位是________。基、辅分划所测高差限差值为________，单位是________。

5. 三等水准测量，测量场地为山区，选用闭合水准路线测量闭合差限差值公式为____________。其中字母代表______________，单位是__________。

6. 三、四等水准测量，根据____________、__________情况，布设水准路线。路线形式有三种________、________、________，测量仪器可采用__________，水准尺可采用______，常用观测顺序可简述为______，后视黑面读取______、______、______三个读数，前视黑面读取______、______、______三个读数。

7. 三、四等水准测量的观测记录表单中测出的数据有____个。计算的数据有____个，其中有检核作用的数据有____个，分别是视距差、______、______、______、______。

8. 三、四等水准测量，采用附合水准路线，闭合差计算公式是____，其中____、____是已知量。

9. 三、四等水准测量高差闭合差调整计算中，误差分配原则是______________________，高差改正数的总和与高差闭合差的关系是________。

任务工单 15（实操）

<table>
<tr><td>项目名称</td><td>场地控制测量</td><td>任务名称</td><td colspan="3">四等水准测量</td></tr>
<tr><td>训练方式</td><td>场地实操</td><td>学时分配</td><td colspan="3">2</td></tr>
<tr><td>姓名</td><td></td><td rowspan="4">个人得分
（100 分）</td><td rowspan="4"></td><td>团队协作（20 分）</td><td></td></tr>
<tr><td rowspan="2">日期</td><td rowspan="2"></td><td>仪器操作（30 分）</td><td></td></tr>
<tr><td>数据整理（30 分）</td><td></td></tr>
<tr><td>学期成绩</td><td></td><td>笔记整理（20 分）</td><td></td></tr>
</table>

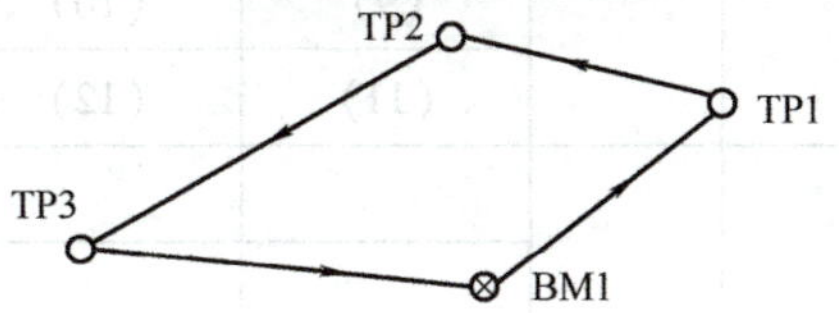

场地水准路线测量草图示例

1. 任务布置

第一步：各组准备好四等水准测量仪器设备，按照场地划分安排，实地踏勘各组控制点 BM1，待测点 TP1、TP2、TP3 等位置，再次查验测量仪器、工具是否齐全、完好。

第二步：由组长主持团队成员，在任务工单中（示例图下方）绘制出测量路线草图（闭合水准路线），并按场地地标名称标出控制点、待测点、施测方向（测量内业计算完成后再将测段高差和水平距离数据补入草图），并进行角色互换工作分配。

第三步：准备四等水准测量外业记录表单，由控制点出发按照草图绘制方向开始测量。施测过程中，记录人员将测量数据正确清晰填入记录表单对应单元格，并进行必要的计算。测量过程协同配合，并及时进行角色互换。

第四步：外业测量完成后，由组长主持团队成员一起进行数据检核验算，检核数据表单，数据验证无误后，将草图各测段水平距离与高差补入草图。团队确认数据完整无误后，方可收队。若检核过程中发现数据有误，须共同查找原因，共同商定更正方案，严禁直接改数。

现场场地水准路线测量草图

2. 任务分析

闭合水准路线的采用条件是当水准控制测量场地集中在小区域，或是只有一个适用的水准已知点位。测量开始之前，团队成员需要共同明确每一测站的检核数据及标准，具体测量过程中需要团队成员协同合作，对待数据处理要严谨认真。

【思考】 测量路线中，中转点位的设定条件和位置是如何确定的？

3. 注意事项

1）测量方案中路线方向要提前商定，遇到问题时团队成员相互协作共同解决。

2）仪器操作人员和数据记录人员要密切配合，严格遵守回报习惯，数据记录要做到清晰、工整、正确，不允许涂改，注意小数点位。

3）扶尺人员注意立尺要竖直，并关注仪器操作人员指挥手势，做到及时搬站或旋转方向。

4）测量过程中注意保护仪器，不准坐仪器箱，同时做到“仪器不离人”。

4. 任务实施

四等水准测量外业实施。

【思考】 对比闭合水准路线和附合水准路线闭合差的计算公式，理解两者不同点。

（续）

四等水准测量外业记录表单

测站编号	点位号	后尺 上丝 / 下丝	前尺 上丝 / 下丝	方向及尺号	标尺读数		K+黑−红/mm	高差中数/m	备注
		后视距	前视距		黑面	红面			
		视距差（*d*）	Σ*d*						
		(1)	(4)	后	(3)	(8)	(14)	(18)	K为水准尺常数
		(2)	(5)	前	(6)	(7)	(13)		
		(9)	(10)	后-前	(15)	(16)	(17)		
		(11)	(12)						
Σ									

任务工单16（实操）

<table>
<tr><td>项目名称</td><td>场地控制测量</td><td colspan="2">任务名称</td><td colspan="2">四等水准测量及成果整理</td></tr>
<tr><td>训练方式</td><td>场地实操</td><td colspan="2">学时分配</td><td colspan="2">2</td></tr>
<tr><td>姓名</td><td></td><td rowspan="4">个人得分
（100分）</td><td rowspan="4"></td><td>团队协作（20分）</td><td></td></tr>
<tr><td rowspan="2">日期</td><td rowspan="2"></td><td>仪器操作（30分）</td><td></td></tr>
<tr><td>数据整理（30分）</td><td></td></tr>
<tr><td>学期成绩</td><td></td><td>笔记整理（20分）</td><td></td></tr>
</table>

1. 任务布置

第一步：各组准备好四等水准测量仪器设备，再次查验测量仪器、工具是否齐全、完好。

第二步：由组长组织团队成员，绘制测量路线草图，标出控制点、待测点、施测方向，并进行角色工作互换分配。

第三步：准备四等水准测量外业记录表单与成果整理表单，由控制点出发按草图方向开始测量。严格执行角色互换。

第四步：外业测量完成后，组长主持团队成员共同进行数据检核，数据验证无误后，补齐草图各测段水平距离与高差，并进行成果整理表单计算。

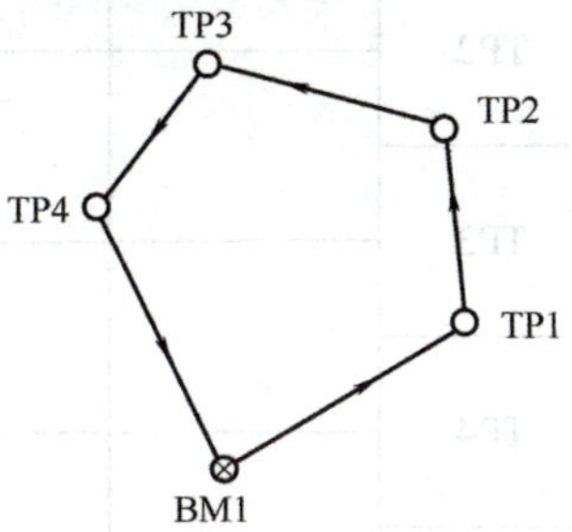

场地水准路线测量草图示例

2. 任务分析

本次实操任务是完成场地外业测量，同时完成内业成果数据整理，各团队测量场地与上次实操测量场地相同、点位相同，对比分析两次外业记录表单数据，总结数据相同与不同的理论依据。

【思考】 测段相同，测站位置设置不同是否会影响测量精度？

现场场地水准路线测量草图

3. 注意事项

1）团队成员遇到问题时要相互协作共同解决。

2）测量过程中，每站数据记录正确，计算数据完成后才能搬站，不准提前搬站。

3）扶尺人员注意立尺要竖直，同时关注仪器操作队员指挥手势。

4）测量过程中注意保护仪器，仪器轻拿轻放，及时整理工具设备，搬站时不要遗漏尺垫和仪器箱。

【思考】 水准测量成果整理单中，测量路线高差之和与改正数之和是什么关系？

4. 任务实施

四等水准测量内业数据成果整理。

（续）

闭合水准路线高差调整与高程计算表							
点号	测量路线/km	测站数（n）	实测高差/m	改正数/mm	改正后高差/m	高程/m	备注
BM1							BM1的高程为已知
TP1							
TP2							
TP3							
TP4							
BM1							
Σ							
辅助计算							

任务总结：本次任务为实操性质知识，知识点总结如图 2-17 所示。

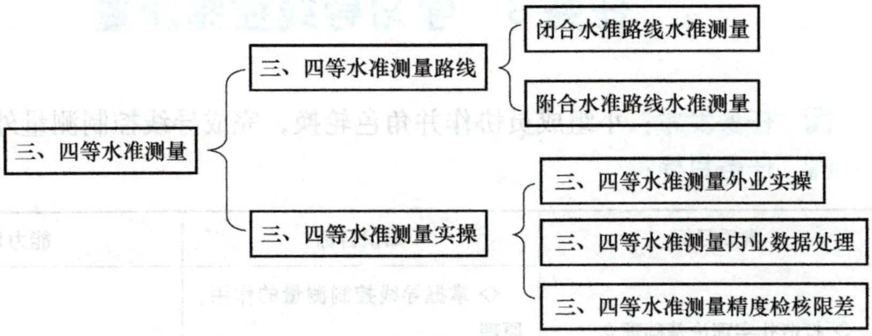

图 2-17　任务 2 知识点总结

导线测量-1

导线测量-2

导线控制测量外业实操

任务3　学习导线控制测量

任务发布：小组成员协作并角色轮换，完成导线控制测量外业与内业。

任务目标：

素质目标	知识目标	能力目标
◇ 打造扎实理论基础理念 ◇ 提升团队协作主动意识 ◇ 强化理论与实操并重的观念	◇ 掌握导线控制测量的作用、原理 ◇ 掌握导线控制测量的方法、步骤 ◇ 掌握导线控制测量精度检核	◇ 学会导线控制测量方法 ◇ 学会导线控制测量数据处理

任务分析与学习：

3.1　导线控制测量概述

在测区范围内的地面上按一定要求选定的具有控制意义的点称为控制点。将测区内相邻控制点连成直线所构成的折线称为导线，其中的控制点也称为导线点，折线边也称为导线边。导线测量就是依次测定各导线边的水平距离和各转折水平角，再根据起始点位坐标和方位角数据，推算各边的端点坐标和方位角，从而确定各点平面位置的测量方法。在建立小区域平面控制网中经常采用导线测量，尤其在地物分布较复杂的建筑区、视线障碍较多的隐蔽区及带状地区常采用这种方法。

使用经纬仪测量转折角，用钢尺测定边长的导线，称为经纬仪导线；若使用光电测距仪或全站仪测定导线边长，则称为电磁波测距导线。

导线测量平面控制网根据测区范围和精度要求分为一级、二级、三级和图根四个等级。

3.1.1　导线布设形式介绍

按照不同的场地特点和测量精度要求，单一导线可布设为附合导线、闭合导线和支导线。它是建立小区域平面控制网的常用方法，适用于地物分布较复杂的建筑群区域，视线通视障碍多的隐蔽区域和区域狭窄且长的带状区，如图 2-18 所示。

1）附合导线：导线起始于一个已知控制点 B 和一个已知方向 AB，而终止于另一个已知控制点 C 和另一个已知方向 CD，已知点数据从 B 经过若干个导线点 1、2、3，附合到已知点 C 的已知数据上，连接导线构成一条折线。

2）闭合导线：由一个已知控制点 B 和已知方向 AB 出发，经过若干个导线

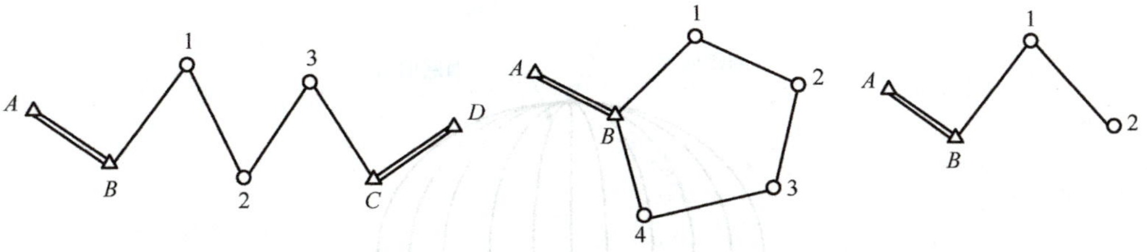

a) 附合导线　　b) 闭合导线　　c) 支导线

图 2-18　导线形式

点 1、2、3、4，又回到已知点 *B*，连接导线构成一个闭合多边形。

3）支导线：从一个已知控制点 *B* 出发，既不附合于另一个已知控制点，也不闭合于原来的起始控制点。由于支导线缺乏检核条件，故一般只限于在地形测量的图根导线中采用。

3.1.2　直线定向

为了明确地面两点在平面位置的相对关系，仅知道两点间水平距离是不够的，还须明确该两点连线的方向。在测量上，直线方向是以该直线与基本方向线之间的夹角来确定的。那么确定直线方向与基本方向之间的关系，称为直线定向。基本方向的种类：

（1）真子午线方向　通过地面上一点并指向地球南北极的方向线，称为该点的真子午线方向。真子午线方向可用天文观测方法或陀螺经纬仪来确定。

（2）磁子午线方向　磁针在地球磁场的作用下自由静止时所指的方向，即为磁子午线方向。

由于地磁南北极与地球南北极并不重合，因此地面上某点的磁子午线与真子午线也并不一致，它们之间的夹角称为磁偏角，用符号 δ 表示，如图 2-19 所示。磁子午线方向偏于真子午线方向以东称为东偏，偏于西称为西偏，并规定东偏为正、西偏为负。磁偏角的大小随地点的不同而异，即使在同一地点，由于地球磁场经常变化，磁偏角的大小也会随之发生变化。我国境内磁偏角值在 +6°（西北地区）和 −10°（东北地区）之间。磁子午线方向可用罗盘仪来测定。由于地球磁极的变化，磁针受磁性物质的影响，定向精度不高，所以磁子午线方向不适合作为精确定向的基本方向，只可作为小区域独立测区的基本方向。

（3）坐标纵轴方向　以通过测区内坐标原点的坐标纵轴 *OX* 轴正方向为基本方向，测区内其他各点的子午线均与过坐标原点的坐标纵轴平行。这种基本方向称为坐标纵轴方向。

3.1.3　直线方向的表示方法

（1）方位角　从直线基本方向线的北端方向起，以顺时针方向旋转到该直线的水平角度，称为该直线的方位角。方位角的取值范围是 0°～360°。由于基本方

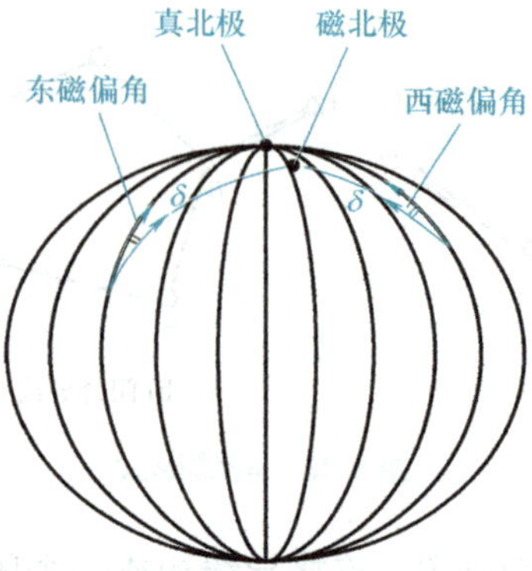

图 2-19　真子午线与磁子午线方向

向有三种，因此同一方向线对应方位角也有三种表述方式，分别为真方位角、磁方位角和坐标方位角。

以真子午线为基本方向线，所得方位角称为真方位角，一般以 A 表示。以磁子午线为基本方向线，所得方位角称为磁方位角，一般以 A_m 表示。以坐标纵轴为基本方向线，所得方位角称为坐标方位角（有时简称方位角），通常以 α 表示。

（2）象限角　从过直线一端的基本方向线的北端或南端方向起，依顺时针（或逆时针）方向至直线的锐角，称为该直线的象限角，一般以 R 表示。象限角的取值范围是 0°~90°。由于象限角的起始标准方向不是唯一方向，可以是南也可以是北，角度旋转方向也可顺可逆，因此使用象限角说明方向时，角度值前面必须明确标准方向和旋转方向，如图 2-20 所示。

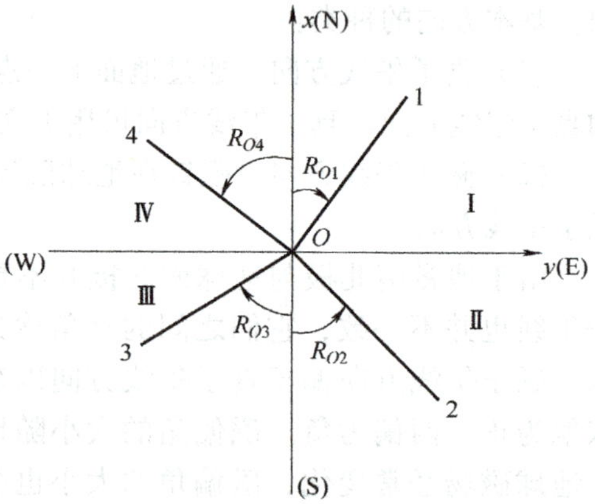

图 2-20　象限角

图中方向线 $O1$ 象限角为北偏东 R_{O1}，方向线 $O3$ 象限角为南偏西 R_{O3}。

（3）坐标方位角与象限角的关系

坐标方位角和象限角由于定义不同，表示方法不同，两者之间的关系见表 2-10。

表 2-10　方位角和象限角的关系

象限	由方位角换算象限角	由象限角换算方位角
象限Ⅰ	$R=\alpha$	$\alpha=R$
象限Ⅱ	$R=180°-\alpha$	$\alpha=180°-R$
象限Ⅲ	$R=\alpha-180°$	$\alpha=180°+R$
象限Ⅳ	$R=360°-\alpha$	$\alpha=360°-R$

1）正反坐标方位角的关系。一条直线相对来说有正、反两个方向。如图 2-21 所示，直线的两端相互可以按正、反方位角进行定向。若设定直线的正方向为 12，则直线 12 的方位角为正方位角，而直线 21 的方位角就是直线 12 的反方位角。反之，亦然。若以方位角 α_{12} 为直线正坐标方位角，则 α_{21} 即为反坐标方位角，两者关系如下：

若 $\alpha_{12}<180°$ 则有

$$\alpha_{21}=\alpha_{12}+180°$$

若 $\alpha_{12}>180°$ 则有

$$\alpha_{21}=\alpha_{12}-180°$$

即

$$\alpha_{12}=\alpha_{21}\pm180°$$

$$\alpha_{正}=\alpha_{反}\pm180°$$

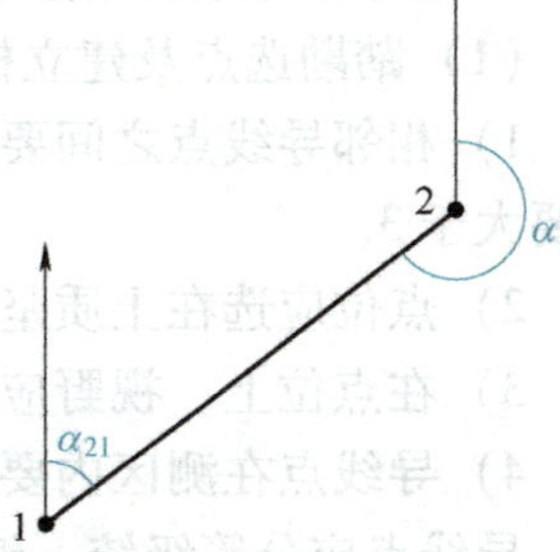

图 2-21　正反方位角图示

2）坐标方位角的推算。首先介绍两个概念，左角、右角。在进行导线测量过程中，无论采用哪种路线形式，水平角在测量路线前进方向右侧，那么这个角就是右角，同理测量水平角在测量路线前进方向左侧，那么这个角就是左角。

如图 2-22 所示，α_{12} 已知，通过测量得出 12 边与 23 边的水平角为 β_2（右角）、23 边与 34 边的水平角为 β_3（左角），现推算方位角 α_{23}、α_{34}。

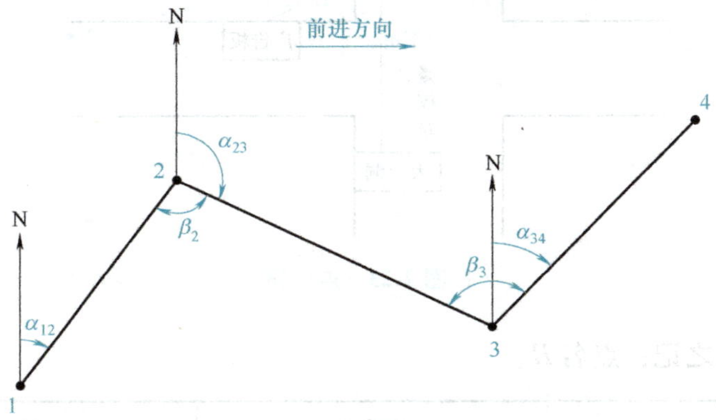

图 2-22　坐标方位角推算图示

由图 2-22 中分析可知：

$$\alpha_{23}=\alpha_{21}-\beta_2=\alpha_{12}+180°-\beta_2$$

$$\alpha_{34}=\alpha_{32}+\beta_3=\alpha_{23}+180°+\beta_3$$

从已知方位角开始，沿着前进方向向前推算坐标方位角的通用公式如下：

$$\alpha_{前}=\alpha_{后}+180°\pm\beta_{右}^{左}$$

当 β 角为左角时，取“+”；当为右角时，取“−”，简称“左加右减”。

由于方位角概念的取值范围是 0°～360°，因此对于计算得出的方位角结果，需要对角度数值进行适当的调整，若 $\alpha_{前}>360°$ 则减 360°，若 $\alpha_{前}<0°$ 则加 360°，直至计算终值在 0°～360°之间。

3.2 导线测量的外业操作

导线测量的外业操作主要有两项，即踏勘选点及建立标志、观测边与角。

（1）踏勘选点及建立标志　现场踏勘选点时，应注意下列几方面问题：

1）相邻导线点之间要通视良好，导线边长应大致相等，相邻两边长度之比不要大于3。

2）点位应选在土质坚实并便于保存之处。

3）在点位上，视野应开阔，便于测绘周围的地物和地貌。

4）导线点在测区内要布点均匀，同时密度要足够，便于控制整个测区。

导线点应分等级统一编号，以便于测量资料的管理。对于每一个导线点的位置，还应画一草图，该图称为控制点的“点之记”，如图2-23所示。

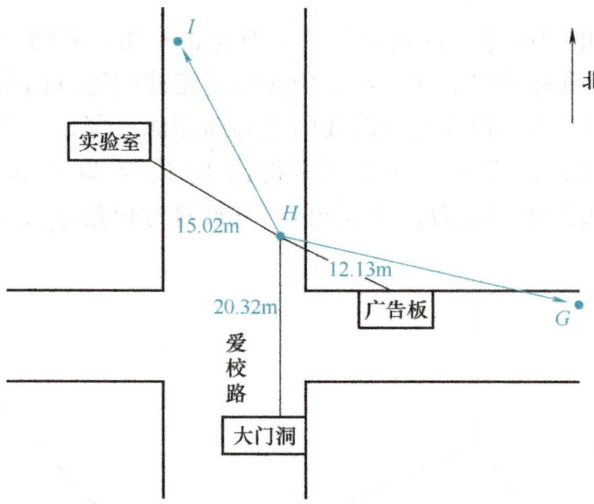

图2-23　点之记

导线点点之记：点名 *H*

相关位置	实验室	15.02m
	大门洞	20.32m
	广告板	12.13m

（2）观测边与角　导线边长可以用检定过的钢尺丈量，一般用往返丈量的方法，相对误差不应大于1/3000，加尺长改正、温度改正、高差改正或倾斜改正。当用光电测距仪或全站仪测量导线的边长时，也应进行各项数据检核。数据需要满足的相关技术指标要求见表2-11。

导线的转折角可以用经纬仪或是全站仪测出，导线转折角是在导线点上由相邻两导线边构成的水平角。导线的转折角分为左角和右角，在导线前进方向左侧的水平角称为左角，右侧的称为右角。测量过程中测量左角或是右角都可以，注意选择方位角的推算公式应用即可。

表 2-11　导线测量主要技术指标表

等级	测图比例尺	导线长度/m	平均边长/m	往返丈量较差相对误差	测角中误差/(″)	导线全长相对闭合差	测回站		闭合差/(″)
							DJ2	DJ6	
一级		2500	250	1/20000	±5	1/10000	2	4	$\pm10\sqrt{n}$
二级		1800	180	1/15000	±8	1/7000	1	3	$\pm16\sqrt{n}$
三级		1200	120	1/10000	±12	1/5000	1	2	$\pm24\sqrt{n}$
图根	1：500	500	75	1/3000	±20	1/2000		1	$\pm40\sqrt{n}$
	1：1000	1000	110						
	1：2000	2000	180						

导线的边与角的测量要精确测定，测量过程中误差的累积对导线点的坐标推算影响很大。

3.3　导线测量的内业计算

导线计算的目的，就是根据已知的起始数据和外业观测通过误差调整数据成果，计算出各导线点的坐标。

计算之前，需要首先对外业观测数据成果进行检核，确保无误，然后绘制出导线草图，并把各项数据标注在草图上，如图 2-24 所示。

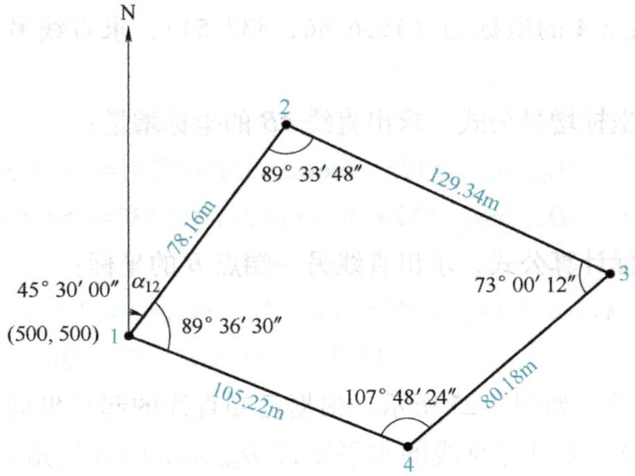

图 2-24　闭合导线草图

3.3.1　坐标正算与坐标反算

(1) 坐标正算　如图 2-25 所示，坐标正算就是已知坐标系中直线一端端点的坐标（X_A，Y_A），根据测得直线的水平距离和坐标方位角 α_{AB}，计算直线另一端点坐标（X_B，Y_B）的工作。计算公式如下：

$$\begin{cases}X_B=X_A+\Delta X_{AB}\\Y_B=Y_A+\Delta Y_{AB}\end{cases}$$

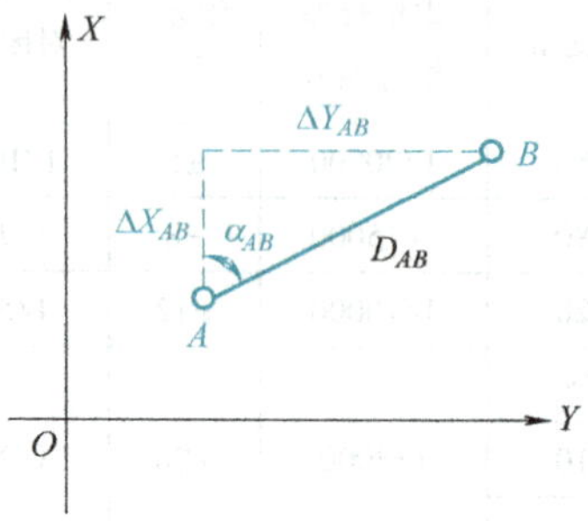

图 2-25　坐标正算、坐标反算

其中：ΔX_{AB}、ΔY_{AB}为坐标增量，是坐标 B 点相对于坐标 A 点，分别在 X 轴和 Y 轴上的投影变量。也就是边长分别在纵横轴上的投影长度。该增量是向量，按照方向性有正负之分，按导线前进方向，向北向东增量为正，向南向西增量为负。增量值计算公式如下：

$$\begin{cases}\Delta X_{AB}=D_{AB}\cos\alpha_{AB}\\\Delta Y_{AB}=D_{AB}\sin\alpha_{AB}\end{cases}$$

说明：直线在坐标系的任意象限，或是直线的起止方向任意变化，计算原理都相同。

【例 2-1】　已知直线 AB 的边长 D_{AB} 为 125.36m，坐标方位角 α_{AB} 为 211°07′53″，其中一个端点 A 的坐标为（1536.86，837.54），求直线另一个端点 B 的坐标（X_B，Y_B）。

解：先代入坐标增量公式，求出直线 AB 的坐标增量：

$$\Delta X_{AB}=D_{AB}\cos\alpha_{AB}=125.36\text{m}\times\cos211°07'53''=-107.31\text{m}$$

$$\Delta Y_{AB}=D_{AB}\sin\alpha_{AB}=125.36\text{m}\times\sin211°07'53''=-64.81\text{m}$$

然后代入坐标计算公式，求出直线另一端点 B 的坐标：

$$X_B=X_A+\Delta X_{AB}=1536.86\text{m}-107.31\text{m}=1429.55\text{m}$$

$$Y_B=Y_A+\Delta Y_{AB}=837.54\text{m}-64.81\text{m}=772.73\text{m}$$

（2）坐标反算　如图 2-25 所示，根据已知直线的起点坐标（X_A，Y_A）和终点坐标（X_B，Y_B），来计算直线的水平距离 D_{AB} 和坐标方位角 α_{AB} 的过程叫坐标反算。

1）根据两点坐标计算坐标增量：

$$\begin{cases}\Delta X_{AB}=X_B-X_A\\\Delta Y_{AB}=Y_B-Y_A\end{cases}$$

根据计算得出的 ΔX_{AB}、ΔY_{AB} 结果，可判断直线 AB 所在的象限，如图 2-26 所示。

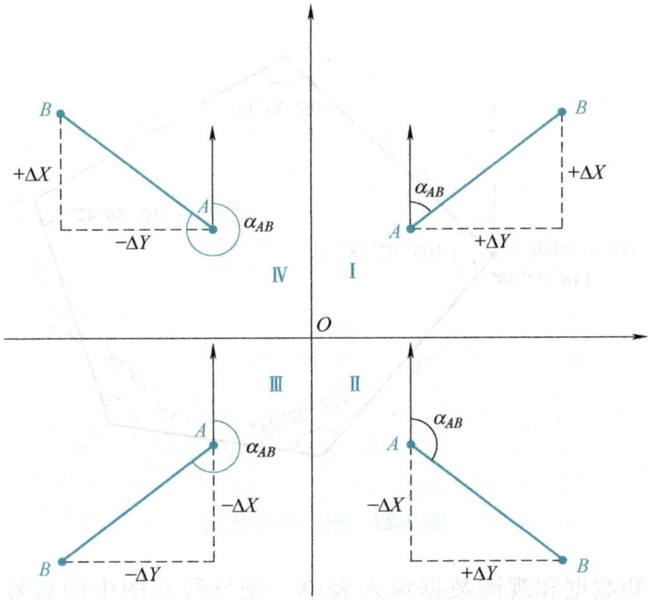

图 2-26　坐标增量象限分布

2）根据增量值计算象限角 R_{AB}。由 $\tan R_{AB}=\dfrac{|\Delta Y_{AB}|}{|\Delta X_{AB}|}$得出

$$R_{AB}=\arctan\frac{|\Delta Y_{AB}|}{|\Delta X_{AB}|}$$

3）根据 R_{AB}和方位角定义，可推算出坐标方位角 α_{AB}。

4）根据勾股定理计算出直线 AB 的水平距离 D_{AB}：

$$D_{AB}=\sqrt{\Delta X_{AB}^2+\Delta Y_{AB}^2}$$

【例 2-2】　已知 $X_A=371232.528\text{m}$，$Y_A=523620.436\text{m}$；$X_B=371222.860\text{m}$，$Y_B=523611.598\text{m}$。计算直线 AB 的坐标方位角 α_{AB}和水平距离 D_{AB}。

解：

$$\begin{cases}\Delta X_{AB}=X_B-X_A=371222.860\text{m}-371227.528\text{m}=-4.668\text{m}\\ \Delta Y_{AB}=Y_B-Y_A=523611.598\text{m}-523620.436\text{m}=-8.838\text{m}\end{cases}$$

根据 ΔX_{AB}、ΔY_{AB}的符号都是负值，判断 B 点相对 A 点的位置为向南向西方向。

$$\alpha_{AB}=R_{AB}=\arctan\frac{|\Delta Y_{AB}|}{|\Delta X_{AB}|}=\arctan\frac{|-8.838|}{|-4.668|}=62°09'29''+180°=242°09'29''$$

$$D_{AB}=\sqrt{\Delta X_{AB}^2+\Delta Y_{AB}^2}=\sqrt{(-4.668)^2+(-8.838)^2}\,\text{m}=\sqrt{99.900468}\,\text{m}=9.995\text{m}$$

3.3.2　闭合导线坐标计算

【例 2-3】　绘制闭合导线草图，图中各项数据从外业观测表单及已知条件中获取，已知起始边坐标方位角为 $\alpha_{A2}=148°02'48''$，已知点 A 坐标为（1000，2000），如图 2-27 所示。计算数值见表 2-12，并以此为例说明闭合导线的计算步骤。

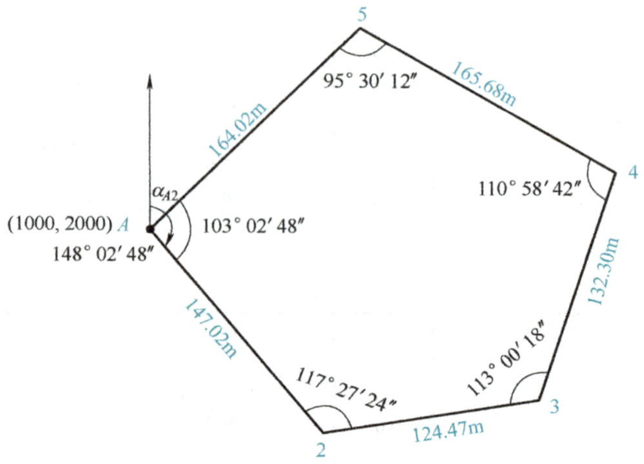

图 2-27　闭合导线草图

（1）将已知数据和观测数据填入表单　把导线草图中的点号、观测角、边长、起始点坐标、起始边方位角填入相应单元格。

（2）进行角度闭合差的计算与调整　多边形内角和理论值为

$$\sum\beta_{理}=(n-2)\times180°$$

由于误差的存在，往往实测内角和不等于理论值，两者之间的差值称为闭合导线角度闭合差，该值根据测量精度有不同的限差要求，见表 2-11。闭合差在限差范围内，则可进行误差分配，否则需要重测。

$$f_\beta=\sum\beta_{测}-\sum\beta_{理}$$

角度闭合差的调整原则是将误差反号平均分配给各个观测角，若无法平均分配，将余数分配到短边夹角，角度反号改正调整后，内角和应等于理论值。

（3）对应草图计算各边的方位角　根据已知方位角和内角调整后角值，按照顺（逆）时针方向推算各边坐标方位角。本例题按照逆时针方向推算，内角为左角。计算公式如下：

$$\alpha_{前}=\alpha_{后}+180°\pm\beta_{右}^{左}$$

计算过程注意事项：

1）使用坐标方位角计算公式时，需关注内角相对于导线前进方向是左角还是右角，“左加右减”。

2）坐标方位角计算结果，若大于 360°，需要减 360°；若小于 0°，则需要加 360°，将坐标方位角调整至 0°~360°范围内。

3）坐标方位角推算回起始边，推算值应等于已知值，否则推算过程数据有错误，需要查找重新推算。

（4）坐标增量的计算与调整　如图 2-27 所示，A、2 两点之间的边长 D_{A2} 为 147.02m，坐标方位角 α_{A2} 为 148°02′48″，则 A、2 两点之间的坐标增量 ΔX_{A2}、ΔY_{A2} 为

$$\begin{cases}\Delta X_{A2}=D_{A2}\cos\alpha_{A2}=147.02\text{m}\times\cos148°02'48''=-124.74\text{m}\\ \Delta Y_{A2}=D_{A2}\sin\alpha_{A2}=147.02\text{m}\times\sin148°02'48''=77.81\text{m}\end{cases}$$

利用相同的方法依次推算出表单第 7 列 ΔX 和第 10 列 ΔY 各边增量值，并计算增量之和。根据闭合导线定义，理论上闭合导线 ΔX、ΔY 之和均应为零，如下式：

$$\begin{cases}\sum \Delta X_{理}=0\\ \sum \Delta Y_{理}=0\end{cases}$$

由于误差不可避免，测量边长的误差导致坐标增量 ΔX、ΔY 必然存在误差，即坐标增量之和往往不等于零，即为坐标增量闭合差 f_X、f_Y，如下式：

$$\begin{cases}f_X=\sum \Delta X_{测}=-0.15\text{m}\\ f_Y=\sum \Delta Y_{测}=0\end{cases}$$

由于坐标增量闭合差的存在，导致闭合导线无法闭合，如图 2-28 所示：A-A'这段距离 f_D 即导线全长闭合差。计算公式如下：

$$f_D=\sqrt{f_X^2+f_Y^2}=\sqrt{(-0.15)^2+0^2}\text{m}=0.15\text{m}$$

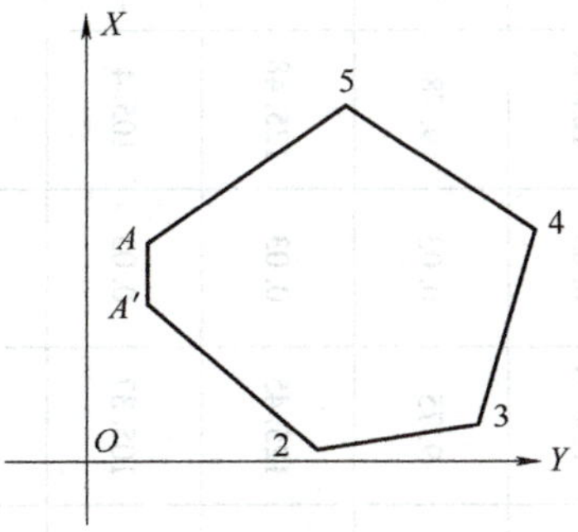

图 2-28　坐标增量全长闭合差

由计算可知，导线越长，误差累计越大，因此导线全长闭合差需要按照测量等级标准进行限差检核。限差标准见表 2-11。

公式如下：

$$K=\frac{f_D}{\sum D}=\frac{0.15}{733.49}=\frac{1}{4890}$$

将计算结果换算为分子为 1 的分数，与标准限差值进行比较，若导线全长闭合差在限差范围内，说明误差可以进行调整；若误差超限，则需要重测边长。导线全长闭合差的调整原则是将 f_X、f_Y 反号按边长正比的分配方法进行调整，将计算残余分配到长边增量中，计算公式如下：

$$\begin{cases}\delta X_{ij}=-\dfrac{f_X}{\sum D}D_{ij}=-\dfrac{-0.15}{733.49}\times 147.02\text{m}=0.03\text{m}\\[2ex] \delta Y_{ij}=-\dfrac{f_Y}{\sum D}D_{ij}=-\dfrac{0}{733.49}\times 147.02\text{m}=0\end{cases}$$

为检核坐标增量改正数是否有误，须计算坐标增量改正数之和，满足下式：

$$\begin{cases}\sum \delta X=-f_X=0.15\text{m}\\ \sum \delta Y=-f_Y=0\end{cases}$$

表 2-12　闭合导线坐标计算

点号	观测角 β/(°) (′) (″)	改正数/(″)	改正后角/(°) (′) (″)	坐标方位角 α/(°) (′) (″)	距离 D/m	纵坐标增量 ΔX 计算值/m	纵坐标增量 ΔX 改正数/m	纵坐标增量 ΔX 改正后/m	横坐标增量 ΔY 计算值/m	横坐标增量 ΔY 改正数/m	横坐标增量 ΔY 改正后/m	坐标值 X/m	坐标值 Y/m	点号
1	2	3	4	5	6	7	8	9	10	11	12	13	14	15
A												1000.00	2000.00	A
				148 02 48	147.02	-124.74	0.03	-124.71	77.81	0	77.81			
2	117 27 24	+8	117 27 32									875.29	2077.81	2
				85 30 20	124.47	9.75	0.03	9.78	124.00	0	124.00			
3	113 00 18	+7	113 00 25									885.07	2201.81	3
				18 30 45	132.3	125.45	0.03	125.48	42.01	0	42.01			
4	110 58 42	+7	110 58 49									1010.55	2243.82	4
				309 29 34	165.68	105.37	0.03	105.4	-127.86	0	-127.86			
5	95 30 12	+7	95 30 19									1115.95	2115.96	5
				224 59 53	164.02	-115.98	0.03	-115.95	-115.96	0	-115.96			
A	103 02 48	+7	103 02 55									1000.00	2000.00	A
				148 02 48										
Σ	539 59 24	+36	540 00 00		733.49	-0.15	0.15	0	0	0	0			

$\Sigma\beta_{测}=539°59'24''$，$\Sigma\beta_{理}=540°00'00''$，$f_\beta=\Sigma\beta_{测}-\Sigma\beta_{理}=-36''$，$f_{\beta允}=\pm40''\sqrt{5}=\pm89''$（按图根导线标准），经检核测角精度合格；$f_X=+0.15\text{m}$，$f_Y=0$，$f=\sqrt{f_X^2+f_Y^2}=0.15\text{m}$，$K=f/\Sigma D=0.15/733.49=1/4890\approx1/5000<1/2000$（按图根导线标准），经检核导线精度合格

改正后的坐标增量为计算坐标增量与分配增量之和，计算公式如下：

$$\begin{cases}\Delta X_{ij}=\Delta X_{ij测}+\delta X_{ij}=-124.74\text{m}+0.03\text{m}=124.71\text{m}\\\Delta Y_{ij}=\Delta Y_{ij测}+\delta Y_{ij}=77.81\text{m}+0=77.81\text{m}\end{cases}$$

（5）导线点坐标计算　根据起始点的已知坐标值和改正后的坐标增量，即可依次计算各导线点的坐标，公式如下：

$$\begin{cases}X_j=X_i+\Delta X_{ij}=1000.00\text{m}-124.71\text{m}=875.29\text{m}\\Y_j=Y_i+\Delta Y_{ij}=2000.00\text{m}+77.81\text{m}=2077.81\text{m}\end{cases}$$

同理依次推算出 13 列、14 列所有点坐标值，注意最后推回到起始点坐标值（1000.00，2000.00），应与已知坐标值相等，用以检核计算过程中数据是否有误。

【拓展实践】 附合导线与支导线的坐标计算原理与闭合导线的方法一致，研究其具体做法。

测量小故事

张祖勋院士：从零起步，专研摄影测量一辈子

这位 80 多岁的老人，在测绘遥感领域深耕 60 多年，人称“大地摄影师”，推动我国数字化影像测绘技术，从零起步，走向国际领先，他就是中国工程院院士张祖勋（图 2-29）。

图 2-29　张祖勋院士

中国工程院院士、武汉大学遥感信息工程学院教授张祖勋，钻研摄影测量一辈子，执着于摄影测量与遥感领域研究。为打破国际技术垄断，他和团队经过 14 年艰辛探索，推出我国首个全数字化自动测图设备，不仅填补了国内科技领域空白，还取得了世界瞩目的成绩，令国际同行刮目相看。

谈及摄影测量与遥感技术，1955 年刚考入大学时，张祖勋甚至连“测量”

是什么都不知道。"当时就看到有个反光镜，两张照片放在底下，哇，这座山就全部高起来了。我说这里大概还有学问，就这样我选择了摄影测量。"张祖勋告诉记者。

20世纪70年代，我国的测绘事业艰难起步。1976年，张祖勋被派往瑞士最先进的航测仪器厂学习。"我们去瑞士就像'刘姥姥进大观园'。"也就在那个时候，他认识到了中外之间的科技差距。从此张祖勋下定决心，要让我国的测绘遥感技术在国际上有一席之地。

1978年，张祖勋的老师王之卓先生提出，我国摄影测量要走全数字化自动测图之路。当时，国内外大多认为"胶片是影像最好的信息载体"，影像"数字化"理论显得不可思议或为时太早。张祖勋认为老师的想法很有挑战性，值得为之一搏。作为王之卓的得力助手，张祖勋主动承担起这个课题的攻关重任，从零开始，向前"爬"。

"当时肩扛手提仪器搞测量，就像小米加步枪。"课题组购买了当时世界上最先进的影像数字化器、计算机。"说是先进，计算机内存仅64K，也没有图像显示器，无法直观看到图像处理结果，效率极其低下。"张祖勋说，一张图片的大小是125MB，计算机配置简直不在一个量级上。另外，当时的计算机没有显示器，搞图像处理只能摸黑。例如核线排列，现在学生的课间实习就能做，很简单。那时没有显示器，只能用打印机打出来，看看两条核线是否排得一致。这一项动作就花了团队4个月到半年的时间，难度很大。

前后历经14年时间，课题组终于研制出我国首个全数字化自动测图设备，用计算机代替传统的测量仪器，用计算机影像自动匹配代替人眼观测，实现测图自动化。全数字化自动测图是摄影测量从理论到实践的彻底革命，整个测绘界为之震动。

这项成果于1993年获国家自然科学二等奖，在国际上被誉为"羽翼丰满、具有很多创新点、参与全球竞争的产品"。如今，全数字化自动测图系统VirtuoZo远销英、美等发达国家，无人机测绘更是创利20多亿元。

任务实施与评价：

任务工单 17（自测）

项目名称	场地控制测量	任务名称	导线控制测量
训练方式	理论习题	学时分配	2
姓名		个人得分	
日期		小组得分	
学期成绩		得分占比	

任务习题：（每空 2.5 分，共 100 分）

1. 导线控制点的定义是________________________。将测区内相邻控制点连成直线所构成的折线称为________。导线测量测量的是________和__________。根据起始点位置坐标和__________数据，推算各边的________和________，从而确定各点________的测量方法。

2. 导线测量适用于地物分布复杂的__________、视线障碍较多的__________和________状地区。

3. 导线测量可以用____和____测量导线转折角，可以用____、____和____测量导线边长距离。

4. 按照不同场地特点和测量精度要求，单一导线可以布设成____、____、____三种常用的不同形式。

5. 直线基本方向有三种形式，分别是________________、________________、________________。

6. 表示直线方向的方法有____________、__________两种，一条直线相对来说有两个方向，两个方向相差________，在导线测量过程中，水平角有左角、右角之分，左角是指______________________，右角是指________________，导线方位角推算过程中前进方向方位角的计算公式为________________，当计算出方位角，还需要对方位角进行数值调整，若方位角大于 360°，需要__________，若方位角值小于 0°，需要__________。

7. 导线边长测量过程中需要对误差精度进行检核，用导线全长相对闭合差检核，用字母____表示该量。一般相对误差不应大于____，图根测量精度标准相对误差不应大于______。当进行的导线测量精度为三级时，角度闭合差限差公式为______。

8. 导线内业计算的目的是根据____________和____________计算出各导线点的______________。

9. 导线内业计算之前，需要首先对外业________________，确保无误，然后绘制________________，并把各项数据标注在______________________。

任务工单18（实操）

<table>
<tr><td>项目名称</td><td>场地控制测量</td><td>任务名称</td><td colspan="3">导线控制测量（外业）</td></tr>
<tr><td>训练方式</td><td>场地实操</td><td>学时分配</td><td colspan="3">2</td></tr>
<tr><td>姓名</td><td></td><td rowspan="3">个人得分（100分）</td><td rowspan="3"></td><td>团队协作（20分）</td><td></td></tr>
<tr><td>日期</td><td></td><td>仪器操作（30分）</td><td></td></tr>
<tr><td rowspan="2">学期成绩</td><td rowspan="2"></td><td>数据整理（30分）</td><td></td></tr>
<tr><td></td><td></td><td>笔记整理（20分）</td><td></td></tr>
</table>

1. 任务布置

第一步：各组准备好导线测量仪器设备，按照场地划分安排，实地踏勘各组控制点 A，待测点 B、C、D 等位置，再次查验测量仪器、工具是否齐备、完好。

第二步：由组长组织团队成员，在任务工单中（示例图下方）绘制出测量路线草图，并按场地地标名称标出控制点、待测点、施测方向（测量内业计算完成后再将各测角和各导线边水平距离补入草图，注意小数点位和单位），并进行角色互换工作任务分配。

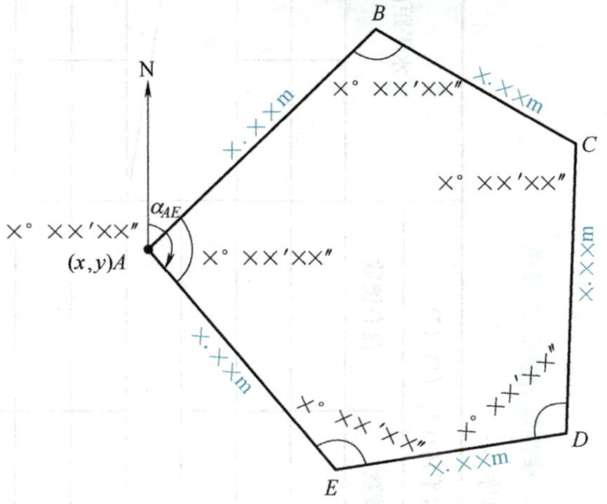

场地导线测量草图示例

场地导线测量草图

第三步：准备导线测量外业记录表单，由控制点出发按照草图绘制方向开始测量。施测过程中，记录人员将测量数据正确清晰填入记录表单对应单元格，并进行必要的计算。测量过程协同配合，并进行及时的角色互换。

第四步：外业测量完成后，由组长主持，团队成员一起进行数据检核验算，检核数据表单，数据验证确认无误后，将草图各导线边水平距离与测角数据补入草图。团队确认数据完整无误后，方可收队。若检核过程中发现数据有误，须共同查找原因，共同商定修正方案。

2. 任务分析

闭合导线路线的采用条件是当控制测量场地集中在小区域，适用于地物分布较复杂的建筑群区域，或是视线通视障碍较多的隐蔽区域。测量开始之前，团队成员需要共同明确每一测站的测量数据内容和检核数据以及各自标准，具体测量过程中需要团队成员协调合作，对待数据处理要严谨认真。

【思考】 闭合导线测量过程中，测量方向顺时针测量和逆时针测量对于测量结果有没有影响？区别是什么？

3. 任务实施

闭合导线测量外业记录见表2-13。

表 2-13　闭合导线测量外业记录表单

团队编号：　　　　　　日期：　　　　　　表单序号：

测站	测回	操作员	记录员	目标	水平角/(°)(′)(″)		水平距离读数/m			距离均值/m
					盘左读数	盘右读数				
				半测回值						
				一测回值						
				半测回值						
				一测回值						
				半测回值						
				一测回值						
				半测回值						
				一测回值						

任务工单 19（实操）

<table>
<tr><td>项目名称</td><td colspan="2">场地控制测量</td><td colspan="2">任务名称</td><td colspan="2">导线控制测量（外业+内业）</td></tr>
<tr><td>训练方式</td><td colspan="2">场地实操</td><td colspan="2">学时分配</td><td colspan="2">2</td></tr>
<tr><td>姓名</td><td colspan="2"></td><td rowspan="4">个人得分
（100 分）</td><td rowspan="4"></td><td>团队协作（20 分）</td><td></td></tr>
<tr><td>日期</td><td colspan="2"></td><td>仪器操作（30 分）</td><td></td></tr>
<tr><td rowspan="2">学期成绩</td><td colspan="2" rowspan="2"></td><td>数据整理（30 分）</td><td></td></tr>
<tr><td>笔记整理（20 分）</td><td></td></tr>
</table>

1. 任务布置

第一步：各组准备好导线测量仪器设备，再次查验全站仪电量是否充足，其他测量仪器、工具、外业、内业表单是否齐备。

第二步：由组长主持团队成员，在任务工单中（示例图下方）绘制测量路线草图，并标出控制点、待测点、施测方向（测量内业计算完成后再将各测角和各导线边水平距离补入草图，注意小数点位和单位），同时进行团队成员角色互换工作任务分配。

第三步：首先进行导线测量外业测量，由控制点出发按照草图绘制方向开始测量。及时记录数据和计算必要的数据。测量过程中相互协同配合，并严格执行角色互换。

第四步：外业测量完成后，由组长主持团队成员完成数据检核验算，检核验证确认无误后，将草图数据补齐，方可收队。组长安排主算、辅算人员共同进行内业数据计算。若检核过程中发现数据有误，须共同查找原因，共同商定调整方案。

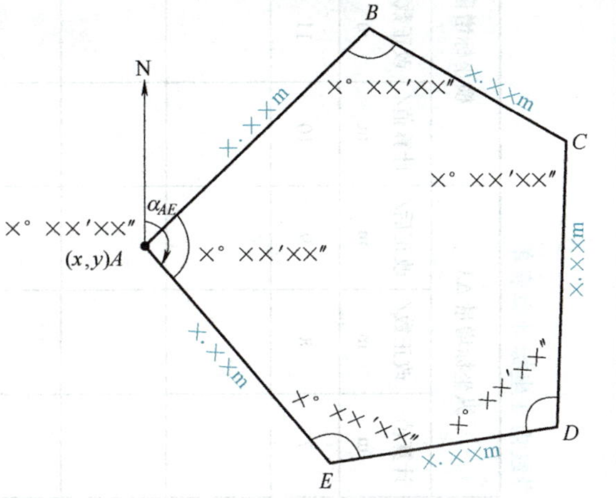

场地导线测量草图示例

场地导线测量草图

2. 任务分析

本次课程任务是完成闭合导线外业测量和内业计算，测量开始之前，团队成员需要共同明确外业测量步骤和内业计算方法，以及检核数据和标准，具体测量过程中需要团队成员协调合作，对待数据处理要严谨认真。

【思考】 导线测量内业计算中，角度闭合差检核的是什么误差？导线全长闭合差检测的是什么误差？各自标准如何确定？

3. 任务实施

闭合导线测量外业记录表单同任务工单 18（实操），闭合导线内业坐标计算表单见表 2-14。

表 2-14　闭合导线内业坐标计算表单

点号	观测角 β/(°)(′)(″)	改正数/(″)	改正后角/(°)(′)(″)	坐标方位角 α/(°)(′)(″)	距离 D/m	纵坐标增量 ΔX			横坐标增量 ΔY			坐标值		点号
						计算值/m	改正数/m	改正后/m	计算值/m	改正数/m	改正后/m	X/m	Y/m	
1	2	3	4	5	6	7	8	9	10	11	12	13	14	15
A														A
B														B
C														C
D														D
E														E
A														A
Σ														

$\Sigma\beta_{测}$=______，$\Sigma\beta_{理}$=______，$f_\beta=\Sigma\beta_{测}-\Sigma\beta_{理}$=______，$f_{\beta允}$=______（按图根导线标准），经检核测角精度（是/否）合格；f_X=______，f_Y=______，$f=\sqrt{f_X^2+f_Y^2}$=______，$K=f/\sum D$=____________（按图根导线标准），经检核导线精度（是/否）合格

任务总结：本次任务为实操性质知识，知识点总结如图 2-30 所示。

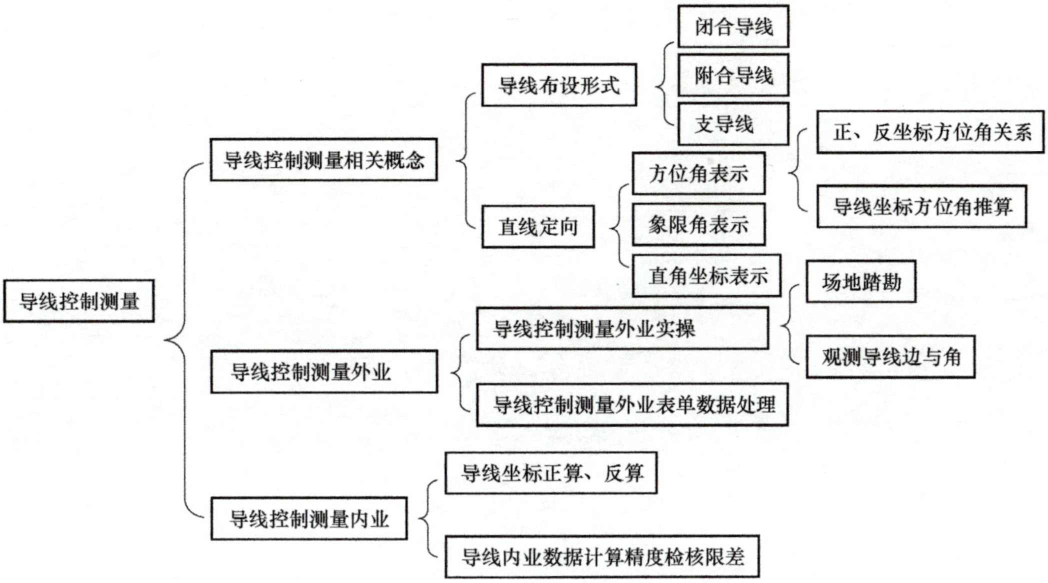

图 2-30　任务 3 知识点总结

项目 3 民用建筑工程施工测量

施工控制测量

任务1 学习建筑施工控制测量

任务发布：小组讨论协作，完成建筑基线放样。

任务目标：

素质目标	知识目标	能力目标
◇ 打造扎实理论应用理念 ◇ 提升团队协作能动意识 ◇ 强化实践应用重要意义	◇ 掌握建筑施工测量项目 ◇ 掌握建筑施工测量步骤	◇ 学会建筑施工测量方法 ◇ 学会建筑测量基线放样实施

任务分析与学习：

1.1 建筑施工测量概述

所谓施工测量，是指各种工程在施工阶段所进行的测量工作。其主要任务是在施工阶段将设计在图纸上的建筑物的平面位置和高程，按设计与施工要求，以一定的精度测设（放样）到施工作业面上，作为施工的依据，并在施工过程中进行一系列的测量控制工作，以指导和保证施工按设计要求进行。

施工测量是直接为工程施工服务的，它既是施工的先导，又贯穿于整个施工过程。从场地平整、建（构）筑物定位、基础施工，到墙体施工、建（构）筑物构件安装等工序，都离不开施工测量，每道工序完成后，都要通过测量检查工程各部位的实际位置和高程是否符合设计及规范标准要求，根据实测验收的记录，编绘竣工图和资料，作为验收时鉴定工程质量和工程交付后管理、维修、扩建、改建的依据。通过施工测量保障建（构）筑物的各部分尺寸、位置符合设计标准要求。

1.1.1 建筑施工测量的主要内容

根据工程性质特点及规模种类，施工测量内容主要分为以下几个方面：

1）建立施工控制网。

2）依据设计图要求进行建（构）筑物的施工放样（测设）。

3）每道施工工序完成后，通过测量检查各施工部位的实际平面位置及高程是否符合设计要求。

4）随着施工的进展，对一些大型、高层或特殊建（构）筑物进行变形观测，作为鉴定工程质量和验证工程设计、施工是否合理的依据。

1.1.2 建筑施工测量的主要工作任务

一项建筑工程在不同的阶段需要持续进行多种项目种类的测量工作，按照施工进程主要划分为以下三个阶段：

（1）工程开工前的测量工作

1）施工场地测量控制网的建立。

2）场地的土地平整及土方计算辅助测量。

3）建筑物、构筑物的定位放样测量。

（2）工程施工过程中的测量工作

1）建筑物、构筑物的细部定位测量和标高测量。

2）高层建筑物的轴线投测。

3）构、配件的安装定位测量。

4）施工期间重要建筑物、构筑物的变形测量。

（3）工程竣工后的测量工作

1）竣工图的测量及编绘。

2）后续重要建筑物、构筑物的变形测量。

1.1.3　建筑施工测量的原则

基础测量有测量原则，施工测量同样有测量原则要遵守。

施工场地上有各种建筑物、构筑物，且分布面较广，往往又是分期分批建设而成。为了保障建筑物、构筑物的平面位置和高程都能满足设计精度要求，相互连成统一的整体，施工测量和地形图测绘一样也必须遵循测绘工作的基本原则。

测绘工作的基本原则是：在整体布局上"从整体到局部"，在步骤上"先控制后碎步"，在精度上"从高级到低级"。即首先在施工工地上建立统一的平面控制网和高程控制网。然后，以控制网为基础测设出每个建筑物、构筑物的细部位置。

另外，施工测量的检校依然是非常重要的，如果测设出现错误，将会直接造成整体性的经济损失。因此测设过程中要严格按照"步步检校"的原则，加强对各种外业和内业的测量记录及数据结果的校核工作。

1.2　建筑施工场地控制测量

建筑施工控制网是为工程建设施工而布设的测量控制网，它的作用是控制该区域施工三维位置（平面位置和高程）。建筑施工控制网是施工放样、工程竣工、建筑物沉降观测以及将来建筑物改建、扩建的依据。建筑施工控制网的特点、精度、布设原则以及布设形式都必须符合建筑施工自身的要求。

由于在勘测设计阶段所建立的各级控制网，主要是为测绘地形图服务的，其精度要求取决于测图比例尺的大小，并未针对施工需要考虑，所以控制点的分布、密度和精度，都难以满足施工测量的要求；另外，在平整场地时，大多控制点也被破坏。因此，在工程施工阶段还必须重新建立施工控制网。

1.2.1 建筑施工控制网的分类

建筑施工控制网分为平面控制网和高程控制网两种形式。

（1）平面控制网　平面控制网根据工程及地形特点可以布设成三角网（三角形）、导线网（多边形）、建筑方格网（矩形）和建筑基线（单线）四种形式。

1）三角网。对于地势起伏较大，通视条件较好的施工场地，可采用三角网。

2）导线网。对于地势平坦，通视又比较困难的施工场地，可采用导线网。

3）建筑方格网。对于建筑物多为矩形且布置比较规则和密集的施工场地，可采用建筑方格网。

4）建筑基线。对于地势平坦且又简单的小型施工场地，可采用建筑基线。

（2）高程控制网　高程控制网采用水准网。

1.2.2 建筑施工控制网的特点

建筑施工控制网相对于测图控制网，由于其使用目的及特点的不同，具有以下几方面特点：

1）控制范围小，控制点密度大。在勘测阶段，建筑物的位置还没有最后确定下来，通过勘测，要进行几个方案的比较，最后选出一个最佳方案。因此，勘测时测量的范围较大，往往是工程建筑物实际范围的几倍到十几倍。而在施工阶段，工程建筑物的位置已经确定，施工控制网的服务对象非常明确。所以，施工控制网的范围比测图控制网的范围小得多。

2）精度要求高。施工控制网主要用于放样建筑物的轴线，有时也用于放样建筑物的轮廓点，这些轴线和轮廓点都有一定的精度要求。施工控制网的精度远高于测图控制网的精度。这样高精度的控制网，要求图形性强，有足够的多余观测点，在电磁波测距仪和电子计算机广泛应用的条件下，边角网是建立施工控制网的一种常用方案。

3）使用频繁。施工测量贯穿于施工过程的始末，工程建筑物往往在不同高度上具有不同的形状和尺寸，施工中需要随时进行放样或检查其位置，在一个控制点上往往需要放样几十次甚至上百次。可见，施工控制点较测图控制点使用频繁。这就要求施工控制点稳定可靠，使用方便，在整个施工期间避免施工干扰和破坏，必要时可在控制点上设立观测墩，并设置固定的定向标志。

4）受施工干扰大。在施工场地上，施工人员来来往往，各种施工机械和运输车辆（如起重机、汽车等）使用频繁，施工临时建筑物很多，这就给施工测量带来很多困难和不便，经常造成视线不通视。特别是现代化施工，常常采用交叉作业方法，工地上各种建筑物的高度相差悬殊，这都将影响控制点的通视。因此，不仅要求控制点要分布合理，而且要求控制点要有足够的密度，以便在施工放样中有充分选择控制点的条件。

1.2.3 建筑施工场地平面控制测量

（1）施工坐标系与测量坐标系的坐标换算　施工坐标系也称建筑坐标系，其坐标轴与主要建筑物主轴线平行或垂直，以便用直角坐标法进行建筑物的放样。

施工控制测量的建筑基线和建筑方格网一般采用施工坐标系，而施工坐标系与测量坐标系往往不一致，为了引用已知测量控制点数据，需要将两者进行换算统一。因此，施工测量前常常需要进行施工坐标系与测量坐标系的坐标换算。

如图 3-1 所示，设 xOy 为测量坐标系，$x'O'y'$ 为施工坐标系，x_O、y_O 为施工坐标系原点 O' 在测量坐标系中的坐标值，α 为施工坐标系的纵轴 $O'x'$ 在测量坐标系中的坐标方位角。设已知 P 点的施工坐标为（x'_P、y'_P），则可按下式将其换算为测量坐标（x_P、y_P）：

$$\begin{cases} x_P = x_O + x'_P\cos\alpha - y'_P\sin\alpha \\ y_P = y_O + x'_P\sin\alpha + y'_P\cos\alpha \end{cases}$$

如已知 P 点的测量坐标，则可按下式将其换算为施工坐标：

$$\begin{cases} x'_P = (x_P - x_O)\cos\alpha + (y_P - y_O)\sin\alpha \\ y'_P = (x_P - x_O)\sin\alpha + (y_P - y_O)\cos\alpha \end{cases}$$

上式中 x_O、y_O、α 为测量已知数据常数，可以在设计资料中查到，或在建筑设计总平面图上求得。

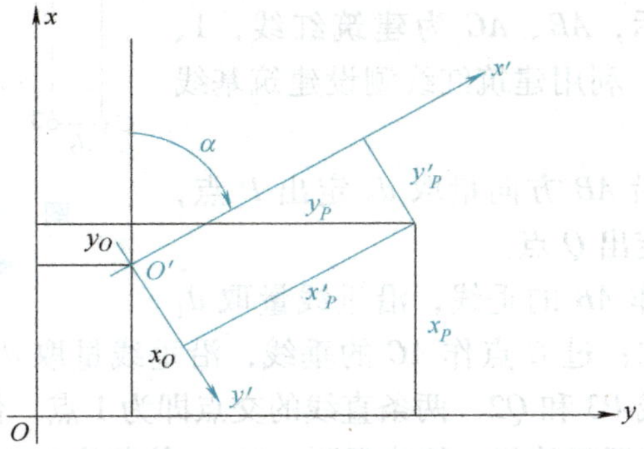

图 3-1　施工坐标系与测量坐标系的换算

（2）建筑基线　建筑基线是建筑场地的施工控制基准线，即在建筑施工场地布置一条或几条轴线。它适用于建筑设计总平面图布置比较简单的小型建筑施工场地。

1）建筑基线的布设形式。建筑基线的布设形式，应根据建筑物的分布、施工场地地形等因素来确定。常用的布设形式有“一”字形、“L”形、“十”字形和“T”形，如图 3-2 所示。

2）建筑基线的布设要求。

① 建筑基线应尽可能靠近拟建的主要建筑物，并与其主要轴线平行，以便使用比较简单的直角坐标法进行建筑物的定位放线测量。

② 建筑基线上的基线点应不少于三个，以便进行相互检核。

③ 建筑基线应尽可能与施工场地的建筑红线相联系。

④ 基线点位应选在通视良好和不易被破坏的地方，为能长期保存，要埋设永久性的混凝土桩，便于施工期间的频繁使用。

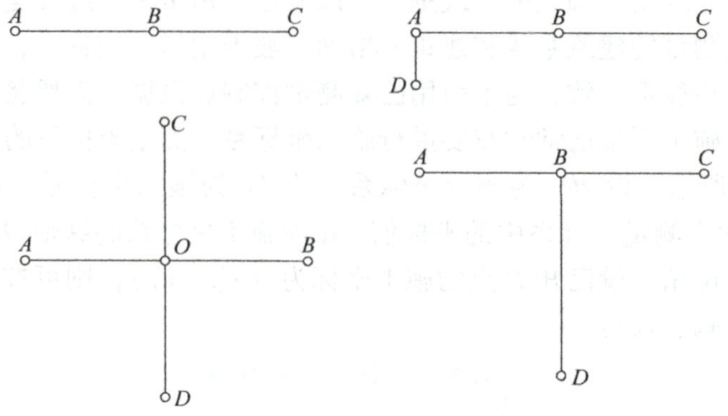

图 3-2　建筑基线的布设形式

3）建筑基线的测设方法。根据施工场地的条件不同，建筑基线的测设方法有以下两种：

① 根据建筑红线测设建筑基线。由城市测绘部门测定的建筑用地界定基准线，称为建筑红线。在城市建设区，建筑红线可用作建筑基线测设的依据。如图 3-3 所示，*AB*、*AC* 为建筑红线，1、2、3 为建筑基线点，利用建筑红线测设建筑基线的方法如下：

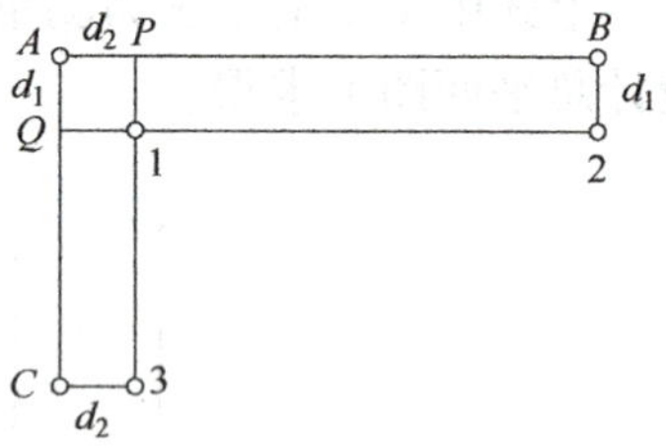

图 3-3　根据建筑红线测设建筑基线

首先，从 *A* 点沿 *AB* 方向量取 d_2 定出 *P* 点，沿 *AC* 方向量取 d_1 定出 *Q* 点。

然后，过 *B* 点作 *AB* 的垂线，沿垂线量取 d_1 定出 2 点，作出标志；过 *C* 点作 *AC* 的垂线，沿垂线量取 d_2 定出 3 点，作出标志；用细线拉出直线 *P*3 和 *Q*2，两条直线的交点即为 1 点，作出标志。

最后，在 1 点安置经纬仪，精确观测∠213，使其为 90°直角，误差值应控制到小于±20″。

② 根据附近已有控制点测设建筑基线。在新建筑区，可以利用建筑基线的设计坐标和附近已有控制点的坐标，用极坐标法测设建筑基线。如图 3-4 所示，*A*、*B* 为附近已有控制点，1、2、3 为选定的建筑基线点，测设方法如下：

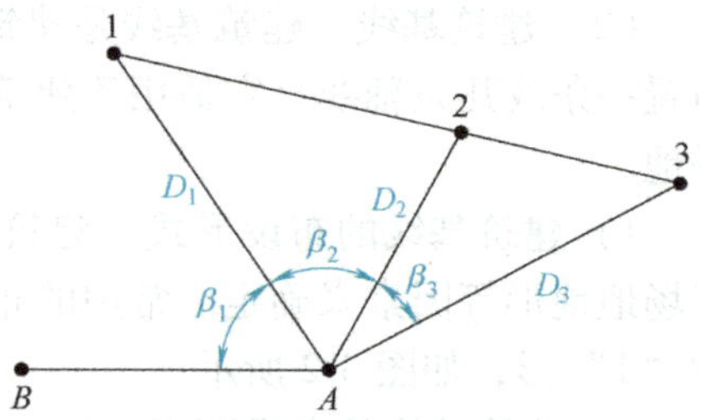

图 3-4　根据控制点测设建筑基线

首先，根据已知控制点和建筑基线点的坐标，计算出测设数据 β_1、D_1、β_2、D_2、β_3、D_3。然后，用极坐标法测设 1、2、3 点。

由于存在测量误差，测设的基线点往往不在同一直线上，且点与点之间的距离与设计值也不完全相符，因此，需要精确测出已测设直线的折角 β' 和距离 D'，并与设计值相比较。如图 3-5 所示，如果 $\Delta\beta=\beta'-180°$ 超过±15″，则应对 1′、2′、3′点在与基线垂直的方向上进行等量调整，调整量按下式计算：

$$\delta=\frac{ab}{a+b}\times\frac{\Delta\beta}{2\rho}$$

式中　δ——各点的调整值（m）；

a、b——分别为 12、23 的长度（m）。

如果测设距离超限，如$\frac{\Delta D}{D}=\frac{D'-D}{D}>\frac{1}{10000}$，则以 2 点为准，按设计长度沿基线方向调整 1′、3′点。

（3）建筑方格网　由正方形或矩形组成的建筑施工平面控制网，称为建筑方格网，或称为矩形网，如图 3-6 所示。建筑方格网适用于按矩形布置的建筑群或大型建筑场地。

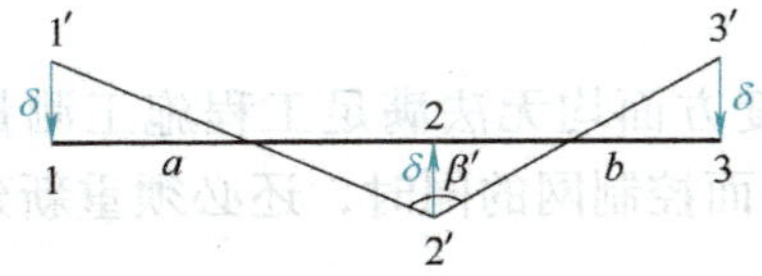

图 3-5　基线点的调整

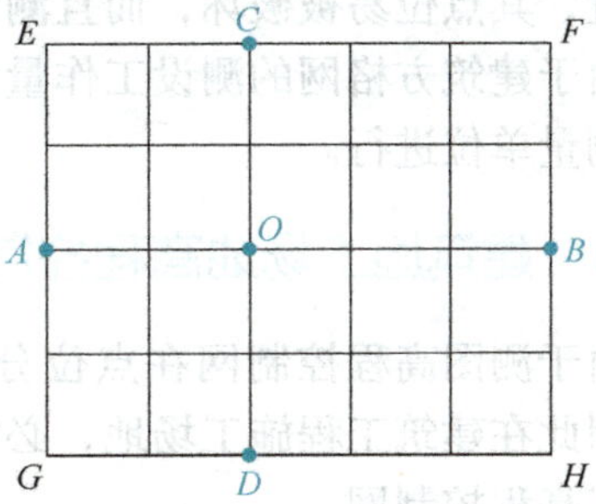

图 3-6　建筑方格网

1）建筑方格网的布设。布设建筑方格网时，应根据总平面图上各建（构）筑物、道路及各种管线的布置，结合现场的地形条件来确定。如图 3-6 所示，先确定方格网的主轴线 AOB 和 COD，然后再布设方格网。

2）建筑方格网的测设方法如下：

① 主轴线测设。主轴线测设与建筑基线测设方法相似。首先，准备测设数据。然后，测设两条互相垂直的主轴线 AOB 和 COD，如图 3-6 所示。主轴线实质上是由 5 个主点 A、B、O、C 和 D 组成。最后，精确检测主轴线点的相对位置关系，并与设计值相比较，如果超限，则应进行调整。建筑方格网的主要技术要求见表 3-1。

表 3-1　建筑方格网的主要技术要求

等级	边长/m	测角中误差	边长相对中误差	测角检测限差	边长检测限差
Ⅰ级	100~300	5″	1/30000	10″	1/15000
Ⅱ级	100~300	8″	1/20000	16″	1/10000

② 方格网点测设。如图 3-6 所示，主轴线测设后，分别在主点 A、B 和 C、D 安置经纬仪，后视主点 O，向左右测设 90°水平角，即可交会出田字形方格网点。随后再做检核，测量相邻两点间的距离，看是否与设计值相等，测量其角度是否为 90°，误差均应在允许范围内，并埋设永久性标志。方格网测设角度观测应符

合表 3-2 的限差要求。

表 3-2　建筑方格网测设的限差要求

方格网等级	经纬仪型号	测角中误差/(″)	测回数	测微器两次读数/(″)	半测回归零差/(″)	一测回 2C 值互差/(″)	各测回方向互差（″）
Ⅰ	DJ1	5	2	≤1	≤6	≤9	≤6
Ⅱ	DJ1	5	3	≤3	≤8	≤13	≤9
	DJ2	8	2	—	≤12	≤18	≤12

建筑方格网轴线与建筑物轴线平行或垂直，因此，可用直角坐标法进行建筑物的定位，计算简单，测设比较方便，而且精度较高。其缺点是必须按照总平面图布置，其点位易被破坏，而且测设过程工作量也较大。

由于建筑方格网的测设工作量大，测设精度要求高，因此测设工作通常委托专业测量单位进行。

1.2.4　建筑施工场地高程控制测量

由于测图高程控制网在点位分布和密度方面均无法满足工程施工测量的需求，因此在建筑工程施工场地，必须建立平面控制网的同时，还必须重新建立建筑施工高程控制网。

施工高程控制网的建立与施工平面控制网一样，当建筑场地面积不大时，一般按四等水准测量或等外水准测量来布设。当建筑场地面积较大时，可分为两级布设，即首级高程控制网和加密高程控制网。首级高程控制网采用三等水准测量测设，在此基础上采用四等水准测量进行加密高程控制网的测设。

首级高程控制网应在原有测图高程控制网的基础上，单独增设水准点，并建立永久性标志。场地水准点的间距宜小于 1km，距离建筑物、构筑物不宜小于 25m，距离振动影响范围以外不宜小于 5m，距离回填土边线不宜小于 15m。凡是重要的建筑物附近均应设水准点。整个建筑场地永久性水准点至少要设置三个，并应将施测路线布设成闭合水准路线或附合水准路线，以控制整个场地的高程施工测量。高程测量精度不宜低于三等水准测量。其点位要选择恰当，既不受施工影响，又要便于施测，同时又能便于永久保存。

加密高程控制网是在首级高程控制网的基础上进行加密而成的。一般不能单独埋设，要与建筑平面控制方格网合并，即在格网点的标志上加设以突出的半球状标志，各点间距宜在 200m 左右，以便施工时安置一次仪器，即可测出所需高程。高程控制网要按四等水准测量标准进行观测，更要附合到首级水准点上，以推算高程。

建筑施工场地的高程控制测量一般采用水准测量方法，根据施工场地附近的国家或城市已知水准点，测定施工场地水准点的高程，以便纳入统一的高程系统。

在施工场地上，水准点的密度应尽可能满足安置一次仪器即可测设出所需的高程。在一般情况下，建筑基线点、建筑方格网点以及导线点也可兼作高程控制点。只要在平面控制点桩面上中心点旁边，设置一个突出的半球状标志即可。相应的水准点称为基本水准点和施工水准点。

1）基本水准点。基本水准点应布设在土质坚实、不受施工影响、无振动和便于施测的地方，并埋设永久性标志。一般情况下，按四等水准测量的方法测定其高程，而对于为连续性生产车间或地下管道测设所建立的基本水准点，则需按三等水准测量的方法测定其高程。

2）施工水准点。施工水准点是用来直接测设建筑物高程的。为了测设方便和减少误差，施工水准点应靠近建筑物。

此外，由于设计建筑物常以底层室内地坪高±0.000 为高程起算面，为了施工引设方便，常在建筑物内部或附近测设±0.000 水准点。±0.000 水准点的位置，一般选在稳定的建筑物墙、柱的侧面，用红漆绘成顶为水平线的“▼▼”形，其顶端表示±0.000 位置。

需要注意的是，在施工场地建筑施工过程中，各个建筑物的±0.000 位置在设计中并不一定是相同的，所以在引测的过程中，必须严格进行区分，防止引测错误。

【拓展实践】 建筑施工控制网中，对于同一基准线上三个基准点不在一条直线上的误差情况，如何实施调整？

测量小故事

“扶正”卫星的“大地之星”

宁津生先生（图 3-7），我国大地测量领域的顶级科学家。他的名字被收录进《澳洲及远东名人录》。

1955 年，国务院决定对高等学校的分布和发展进行适当的调整，避免集中在少数大城市的情况。次年 8 月，武汉测量制图学院（简称武测）应运而生，汇聚了同济大学、天津大学、青岛工学院、华南工学院（现为华南理工大学）、南京工学院（现为东南大学）等众多师生。其中，就有刚刚大学毕业的宁津生。他跟着老师夏坚白教授、叶雪安教授，离开了繁华的上海，来到武汉珞珈山，成为学院里最年轻的一批助教。

图 3-7　大地测量科学家 宁津生

1957 年，苏联发射了世界上第一颗人造地球卫星。与此同时，地球重力场成了测绘界的热门课题，各个国家都在争相研究。武测请来了苏联的专家，名叫布洛瓦尔，在国际测量界和地球重力场方面有很大的影响力。学了一年俄语的宁津生，顺利成为布洛瓦尔的专属翻译。

宁津生在这个领域到底有多强？他建立了目前为止我国阶次最高、精度最好的地球重力场模型；主持完成了10余项省部级以上的重大科研项目，其中有4项科研成果获得了国家测绘局科技进步奖。

无论是院士、校长还是科学家，宁津生始终没有忘记，自己是个搞教育的。教书育人，他一刻都没放弃过。武大（即武汉大学）有一门课，叫“测绘学概论”，被称为“最奢侈”的基础课。这是一门由宁津生牵头，6位院士、4位教授共同讲授的专业基础课，师资配置极其“奢侈”，每年新生入学，这门课的第一节，都是宁老讲的。这一讲，就是二十年。这门课不点名、不签到，但教室永远站满了人。学生们形容，去上宁院士课的路就是“朝圣”，找宁院士给教材签名不亚于“追星”。

起初学生不懂测绘真正的价值是什么，也不清楚它的重要性。与其做思想工作，去劝说想转专业的学生们，不如院士们自己来讲，让孩子们知道，这个学科很有来头。如今，不但转专业的人少了，还有人要调剂到测绘专业来。当年的老教授们正是如此留住了6位院士，他们也用同样的方式去留住下一代年轻学生。

这是属于测绘人的薪火相传，一代接力一代，把这门学科发扬光大，把前辈开拓出的路，走得更远、更宽。用“感动测绘人物”时的颁奖词来评价宁老：“地球重力场，天地大舞台。满腹经纶，国之栋梁。一生相许，矢志不渝。”

任务实施与评价：

任务工单20（自测）

项目名称	民用建筑工程施工测量	任务名称	建筑施工控制测量
训练方式	理论习题	学时分配	2
姓名		个人得分	
日期		小组得分	
学期成绩		得分占比	

任务习题：（每空2.5分，共100分）

1. 施工测量是在工程________阶段所进行的测量工作。主要任务是将设计在图纸上的建筑物的________、________，按设计与________要求，以一定的精度测设到________面上，作为施工依据。

2. 施工测量是直接为________服务的，从场地平整、________、________，到________________建筑物、构筑物安装等都离不开施工测量。

3. 建筑施工测量根据工程性质特点及规模种类的不同，主要内容有________、____________、____________、____________四项。

4. 建筑施工测量的主要工作任务主要划分为以下三个阶段：________、________、________，各个阶段施工测量内容不同，测量目的及作用也不尽相同。

5. 建筑施工测量在工程竣工后还有以下工作任务：________________、________________。

6. 建筑施工测量在测量原则上还要遵循整体布局上________________，步骤上________________，精度上________________的测量基本原则。

7. 建筑施工控制网是为________而布设的测量控制网，它的作用是控制该区域施工三维位置（____________、________）。建筑施工控制网是施工放样、________、________以及将来建筑物改建、____________的依据。

8. 建筑施工控制网分为________________、________________两种形式。

9. 建筑施工平面控制网可以布设成________、________、________、________四种形式。

10. 首级高程控制网应在原有____________的基础上，单独增设________，并建立________。场地水准点的间距宜小于____ km，距离建筑物、构筑物不宜小于____ m，距离振动影响范围以外不宜小于____ m，距离回填土边线不宜小于____ m。

任务实施与评价：

任务工单 21（实操）

<table>
<tr><td>项目名称</td><td>民用建筑工程施工测量</td><td colspan="2">任务名称</td><td colspan="2">建筑施工控制测量（基线放样）</td></tr>
<tr><td>训练方式</td><td>场地实操</td><td colspan="2">学时分配</td><td colspan="2">2</td></tr>
<tr><td>姓名</td><td></td><td rowspan="4">个人得分（100 分）</td><td rowspan="4"></td><td>团队协作（20 分）</td><td></td></tr>
<tr><td>日期</td><td></td><td>仪器操作（30 分）</td><td></td></tr>
<tr><td rowspan="2">学期成绩</td><td rowspan="2"></td><td>数据整理（30 分）</td><td></td></tr>
<tr><td>笔记整理（20 分）</td><td></td></tr>
</table>

1. 任务布置（根据建筑红线测设建筑基线）

第一步：各组准备好测量仪器，按照场地划分安排，踏勘各组红线基准点 A、B、C 位置，待测设基线点大致位置，再次查验测量仪器、工具是否齐全、完好，经纬仪或全站仪电量是否充足。

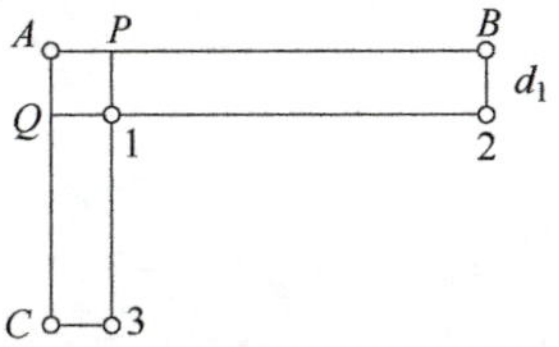

建筑测设基线草图示例

第二步：由组长组织团队成员，在任务工单中（示例图下方）绘制出各自红线及测设基线草图，并按场地地标名称标出基准点名称，同时进行角色工作分配。

第三步：将经纬仪或全站仪安置到红线基准点 A，沿 AB 方向量取 d_2 距离定出 P 点位，同理在 AC 方向定出 Q 点位，过 B 点作 AB 的垂线，沿垂线量取 d_1 定出 2 点，作出标志；过 C 点作 AC 的垂线，沿垂线量取 d_2 定出 3 点，作出标志；用细线拉出直线 P3 和 Q2，两条直线的交点即为 1 点，作出标志。

现场建筑测设基线草图

第四步：在 1 点安置经纬仪或全站仪，精确观测 ∠213，使其为 90° 直角，误差值应控制到小于 ±20″。完成表单，绘制必要线条。核验无误方可收队，整理仪器设备。若数据检核超限，须重测。

2. 任务分析

施工红线测设基线的方法比较简单，通过测设实操过程，充分体会建筑施工基线测设的方法。具体测量过程需要团队成员协调合作，对待数据检核标准处理，要做到严格遵守限差标准要求。

3. 注意事项

1）测量方案中的步骤要提前商定，遇到问题时团队成员相互协作共同解决。

2）仪器操作人员和数据记录人员要密切配合，严格遵守回报原则。

3）数据记录要做到清晰、工整、正确，不允许涂抹勾划，草图线条要绘制清晰准确。

4）测量过程中注意保护仪器，不准坐仪器箱，同时做到“仪器不离人”。

4. 任务实施

按照任务布置方法，实施测设任务，并将基准点名称及距离标注在草图上。

【思考】 建筑施工方格网的测设与根据建筑红线测设基线的方法有什么不同？

任务总结： 本次任务为实操性质知识，知识点总结如图 3-8 所示。

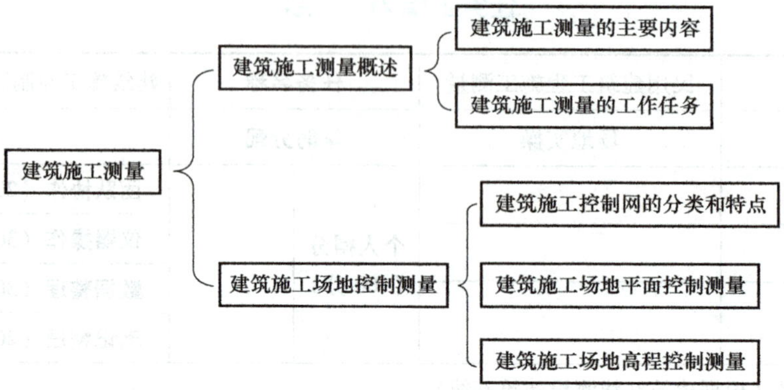

图 3-8 任务 1 知识点总结

任务2 学习民用建筑施工测量及定位放线

定位放线

任务发布：小组合作，完成建筑定位放线实操。

任务目标：

素质目标	知识目标	能力目标
◇ 夯实理论应用于实践理念 ◇ 提升协同合作观念素质 ◇ 强化学习主观能动意识	◇ 掌握民用建筑施工测量内容 ◇ 掌握民用建筑施工测量程序 ◇ 掌握民用建筑施工测量步骤	◇ 懂民用建筑施工测量实施项目 ◇ 会民用建筑施工测量操作方法

任务分析与学习：

2.1 民用建筑施工测量概述

民用建筑是指住宅、医院、办公楼、学校等类别的建筑。民用建筑的施工测量是指民用建筑在施工阶段所进行的测量工作。测量的目的是按照设计图及施工的要求，将建筑物（构筑物）的平面位置（X，Y）、高程（H）放样（测设）出来，作为施工依据配合施工。在施工进行的不同阶段，测量的内容、目的及方法要求各有不同，但对施工均起到指导和衔接的作用，民用建筑施工过程中具体的测量工作随着施工进度变化，主要有建筑物（构筑物）定位放线、细部轴线放线、基础施工测量、墙体施工测量、高程传递、沉降监测等。

施工测量前的准备工作主要包括如下几项内容：

（1）熟悉设计图　设计图是施工测量的主要依据，在测设前熟悉建筑物的设计图，目的是了解施工建筑物（构筑物）与相邻已有地物的相互关系，以及建筑物本身的内部尺寸关系和施工的尺寸要求等，过程中要仔细核对各设计图的相关尺寸，准确收集测设过程中所需要的定位数据，与测设相关的设计图资料主要有：建筑总平面图、建筑平面图、基础平面图及基础详图、建筑物立面图和剖面图。

1）建筑总平面图。如图3-9所示，通过建筑总平面图，能够直接查取或计算出建筑场地上所有建筑物和道路的平面位置，及其主要点的坐标等数据。通过总平面图可以得到拟建建筑物（构筑物）之间，及其与已有建筑物之间的尺寸关系；各栋建筑物室内高程；用地红线、道路红线、重要基础设施位置关系等数据。

2）建筑平面图。通过建筑平面图，可以查取建筑物本身的各层平面总尺寸，以及内部各定位轴线之间的位置关系尺寸，如图3-10所示。

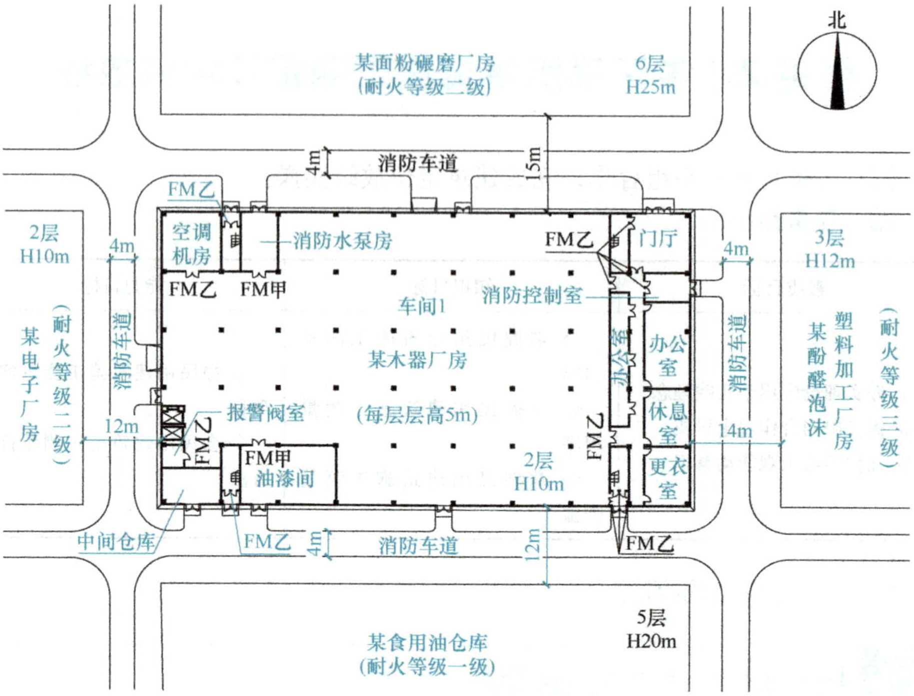

图 3-9 建筑总平面图

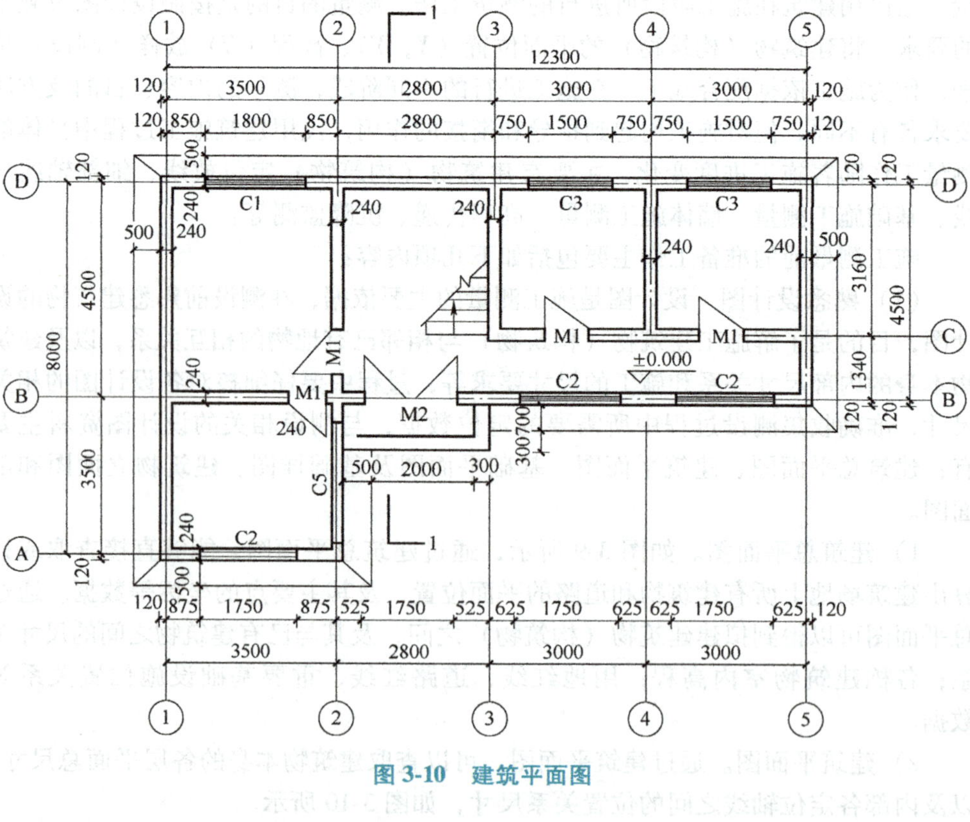

图 3-10 建筑平面图

3）基础平面图及基础详图。通过基础平面图和基础详图，可以查取基础边线与定位轴线的平面尺寸，基础平面布置形式，基础中心及边线、中线的位置尺寸关系，基础形式，基础横断面形状大小尺寸及细部设计标高等。基础平面图和基础详图是基础定位放线，基槽开挖边线、开挖深度的主要依据，如图 3-11 所示。

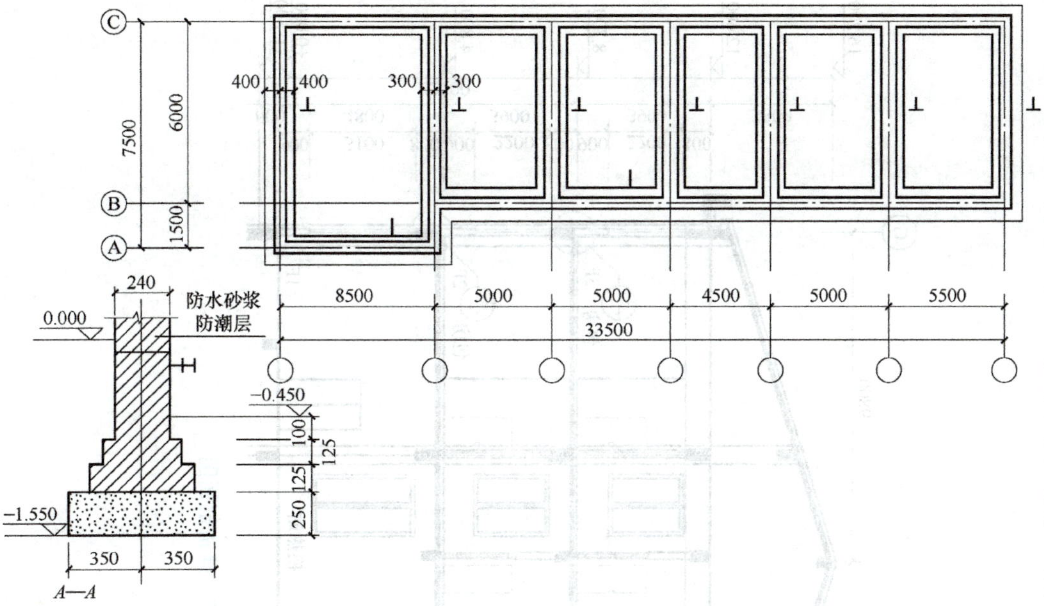

图 3-11　建筑基础平面图及基础详图

【拓展实践】　思考条形基础和桩基础及筏板基础等不同基础类型，测设方法有何不同？

4）建筑立面图和剖面图。通过建筑物的立面图和剖面图，可以查取基础、地坪、门窗、楼板、楼梯平台、屋架和屋面等的设计高程，高程数据通常是以首层地面为±0. 000 为起算标高的相对高程，它是高程测设（放样）的主要依据，如图 3-12 所示。

（2）现场踏勘　现场踏勘是到施工场地，全面了解现场情况，通过现场的地物地貌以及测量控制点的分布实情，准备制定测量实施方案。

（3）设计制定测量方案和收集整理测量数据　根据设计图要求、施工精度要求、施工进度安排、现场场地特点和施工条件要求等因素，制定测设（放样）方案，包括测设方法、测设数据计算和绘制测设略图，如图 3-13 所示。

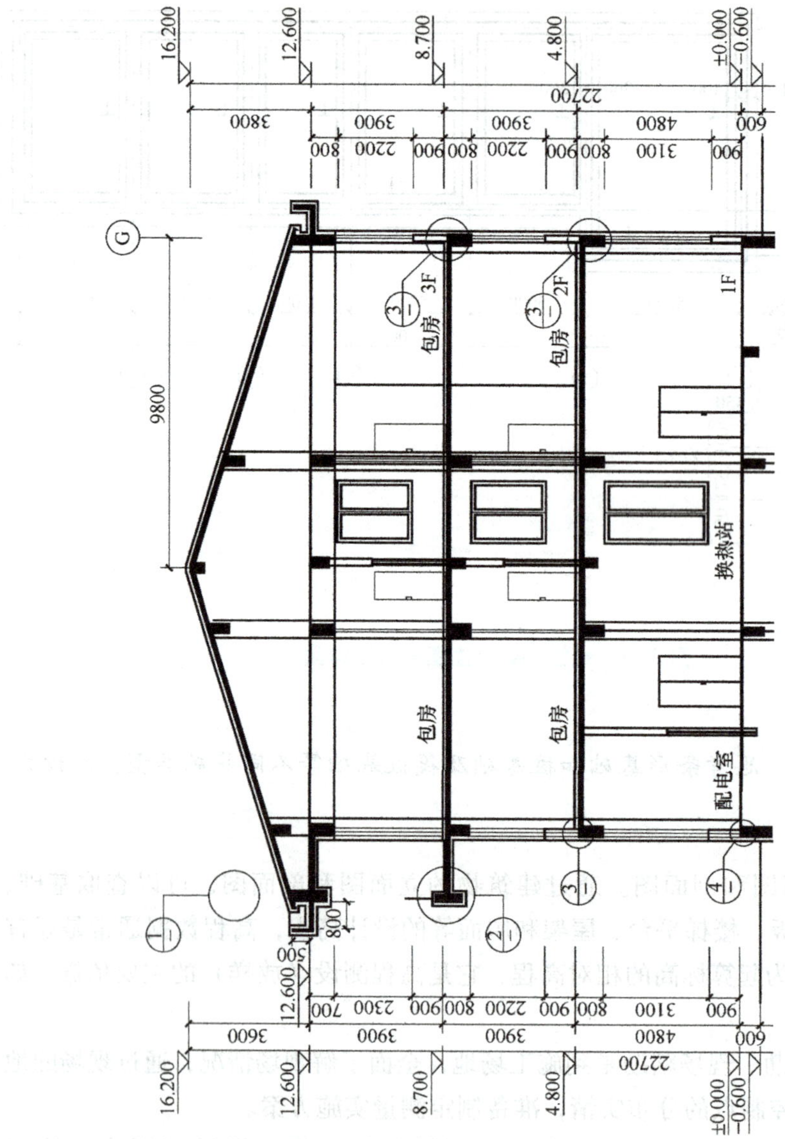
包房
3F
2F
1F
换热站
配电室
16.200
12.600
8.700
4.800
±0.000
-0.600
22700
3800
3900
4800
3600
9800
800
500
G

图 3-12 建筑剖面图

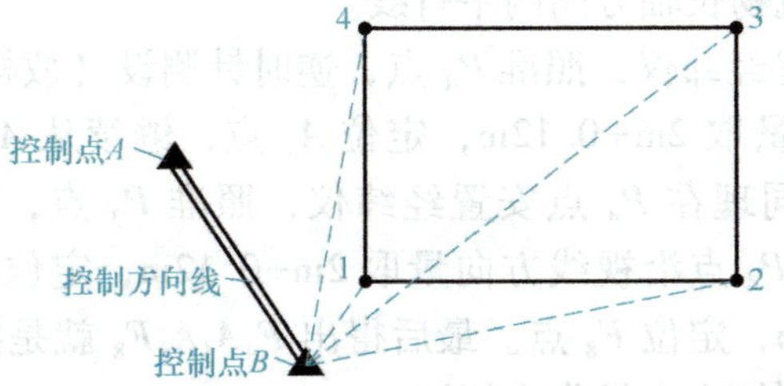

图 3-13 测设数据草图

2.2 民用建筑的定位和放线

（1）建筑物的定位 房屋建筑工程开工后的第一次放线，建筑物定位参加的人员应包括城市规划部门（下属的测量队）及施工单位的测量人员，根据建筑规划定位图（总平面图）进行定位，最后在施工现场形成（至少）4个定位桩。放线工具为全站仪或比较高级的经纬仪。

建筑物四周外廓主要轴线的交点决定了建筑物在地面上的位置，称为定位点或角点，建筑物的定位就是根据施工测量设计条件，将建筑物外廓各轴线交点测设（放样）到地面上，作为基础测设（放样）和细部测设（放样）的依据。由于定位条件不同，定位的方法也不同，常用的定位方法有：根据控制点定位、根据建筑方格网和建筑基线定位、根据已有建筑物或道路的关系定位，下面以介绍根据已有建筑物测设（放样）拟建建筑物的方法为例。

如拟建建筑物 $F_1A_1A_8F_8$ 的 A_1A_8 方向外墙边线与既有建筑物 $M_1M_2M_3M_4$ 的 M_2M_3 方向外墙边线在同一条直线上，两栋建筑物的间距为 20m，拟建建筑的四周长轴为 21m、短轴为 18m。轴线与外墙边线间距为 0.12m，如图 3-14 所示。测设 4 个轴线交点方法如下：

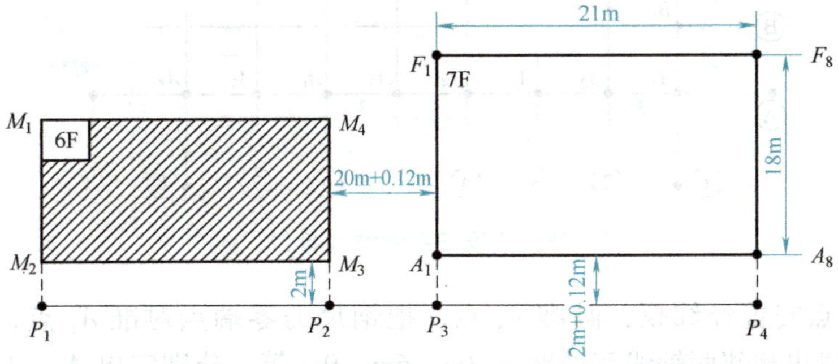

图 3-14 根据既有建筑物进行测设定位

1）用钢尺分别沿既有建筑外墙 M_1M_2、M_4M_3 方向拉线，用钢尺分别从墙角沿线向外量一段较短的距离（这里量出 2m），并在地面上钉入木桩作出标记 P_1、P_2，在 P_1 点位安置经纬仪，照准 P_2 点，用钢尺从 P_2 点沿 P_1P_2 视线方向量取 20m+0.12m 的距离，定位 P_3，继续沿视线方向从 P_3 量取 21m，定位 P_4，P_3P_4

的连线就是拟建建筑物长轴方向的平行线。

2）在 P_3 点安置经纬仪，照准 P_4 点，逆时针测设（放样）90°直角，用钢尺从 P_3 点沿视线方向量取 2m+0.12m，定位 A_1 点，继续从 A_1 点沿视线方向量取 18m，定位 F_1 点；同理在 P_4 点安置经纬仪，照准 P_3 点，顺时针测设（放样）90°直角，用钢尺从 P_4 点沿视线方向量取 2m+0.12m，定位 A_8 点，继续从 A_8 点沿视线方向量取 18m，定位 F_8 点。最后得出 $F_1A_1A_8F_8$ 就是拟建建筑物外廓轴线四角交点位置，分别钉入木桩作出标记。

3）为了检核测量是否准确，需要分别在 F_1、A_1、A_8、F_8 四个点位上安置经纬仪，检测 4 个角是否为直角；再分别用钢尺量取 4 条轴线外廓边线距离，长轴方向是否是 21m，短轴方向是否是 18m，测量精度只有与设计要求相符，才能最终定位轴线桩位。

（2）建筑物的放线　建筑物的放线是指根据已定位的外墙轴线交点桩（角桩），详细测设出建筑物各轴线的交点桩（或称中心桩），然后将其延长到安全（不易被施工破坏）的位置做好标记，以交点桩或生成的细部轴线为依据，按基础的宽度和放坡要求用白灰撒出基槽开挖边界线。放线方法如下：

1）测设细部轴线。如图 3-15 所示，横向 A 轴、F 轴，纵向①轴、⑧轴四条轴线为主要轴线，交点 A_1、A_8、F_1、F_8 为拟建建筑物的定位点，已经钉入木桩标记位置，下面开始测设次要轴线。

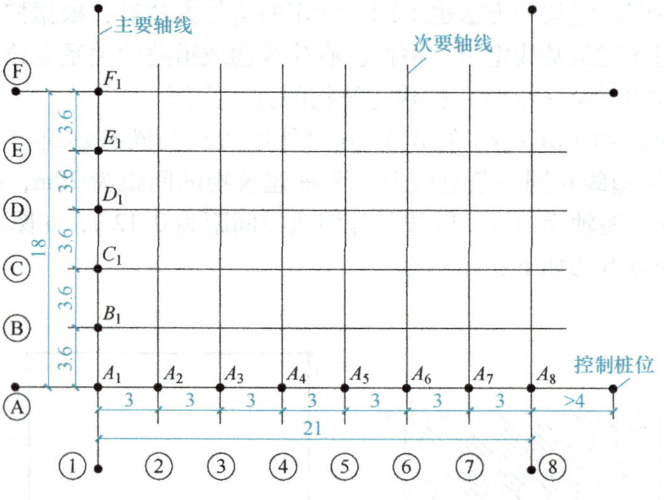

图 3-15　测设细部轴线（单位：m）

在 A_1 点安置经纬仪，瞄准 A_8 点，把钢尺的零端点对准 A_1 点，用钢尺沿 A_1A_8 方向量出相邻两轴线间的距离 3m、6m、9m 等，分别定出 A_2、A_3、A_4 等各点，定位过程中要全程检查钢尺是否拉平、零端点是否移位、方向是否偏离。确定位置后在定点处钉入木桩，并作出标记。将该方向次要轴线分别确定后，用经纬仪观测指挥，检验各点是否在一条直线上，同时拉平钢尺，检查尺寸是否正确。经验证校准后，将木桩定牢固。使用同样方法，可以在①轴方向上定出 B_1，C_1，D_1，…，F_1 各点。量距精度应达到设计精度要求。量出各轴线之间距离时，钢尺零点要始终对在起点上，用这种方法，可以减小累计误差。检验距离测量精度时，距离相对误差 K 值通常不得小于 1/3000。

如果建筑物的长轴、短轴方向尺寸很小，定位次要轴线时，可以利用角点定位桩，拉细线绳的方法代替经纬仪定线方法。注意无论是经纬仪拉钢尺的方法还是小距离拉细线绳的方法，大风天气都不适合作业。

2）引测轴线位置。由于在开挖基槽时，角桩和中心桩都会被挖除，但后续施工过程依然需要轴线位置，为了便于在后续施工过程中恢复各轴线位置，在定位轴线时，应把各轴线延长到基槽外安全（不易被破坏）地点，并做好标志。其常用方法有设置轴线控制桩和设置龙门板两种形式。

① 设置轴线控制桩：轴线控制桩设置在基槽外、基础轴线的延长线上，作为开槽后各施工阶段恢复轴线的引测依据，如图 3-16 所示。轴线控制桩一般设置在基槽 4m 外，打下木桩，桩顶钉上小钢钉，准确标出轴线位置，并用混凝土砂浆稳固木桩。附近有固定建筑物（构筑物），最好把轴线投测到建筑物上，用红漆作出明确标志，以代替轴线控制桩。为了恢复轴线测设方便，每条轴线至少要留一个地面控制桩，便于架设经纬仪，进行恢复轴线测设。

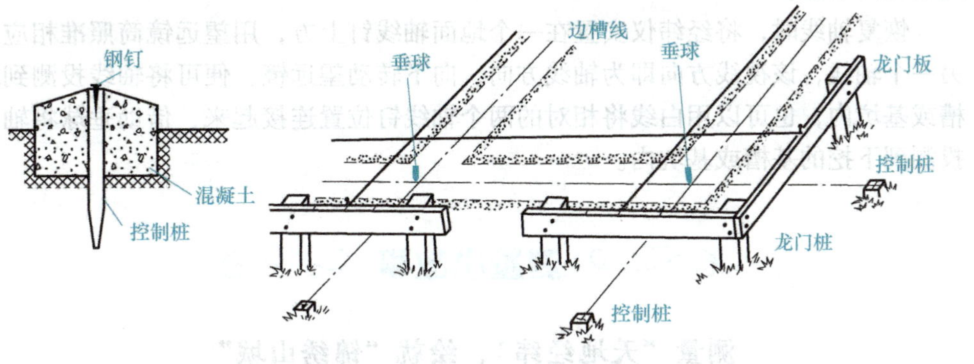

图 3-16　施工场地轴线控制桩

② 设置龙门板：龙门板是钉到龙门桩上的木板，板面上缘边线与龙门桩上刻划的地坪标高线对齐，板的上边划出墙中线、墙身线和基础线位置，用以控制建筑物和构筑物位置及地坪标高。龙门桩是指建筑物施工时，沿建筑物和构筑物四周竖立的木桩。用以钉设龙门板，作为控制建筑物和构筑物轴线位置，正确进行放线的标志。在早期建筑施工以及小型民用建筑施工中常采用，将各轴线引测到基槽外的水平木板上，如图 3-17 所示。设置龙门板的方法如下：

在建筑物四角与隔墙两端，基槽开挖边界线以外 1.5~2m 处，设置龙门桩。龙门桩要钉得竖直、牢固，龙门桩的外侧面应与基槽平行。

根据施工场地附近的水准点，用水准仪在每个龙门桩外侧，测设出该建筑物室内地坪标高±0.000 位置，并作出标志。

沿龙门桩上±0.000 标高线钉设龙门板，这样龙门板顶面的标高就同在±0.000 的水平线上。然后用水准仪检核龙门板的标高位置线，如有误差应及时纠正，其精度允许误差值控制在±5mm 以内。

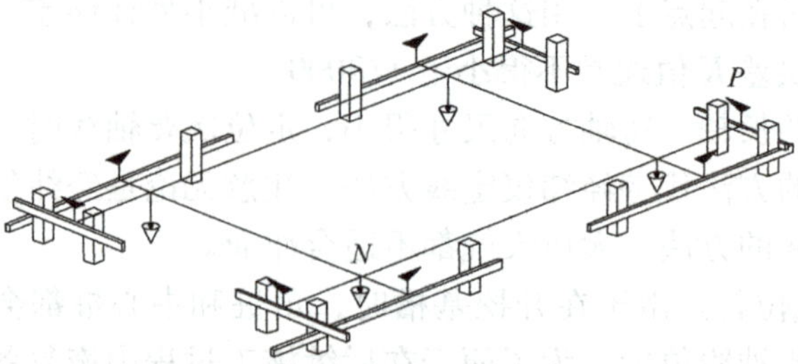

图 3-17　龙门板与龙门桩

在 N 点安置经纬仪，瞄准 P 点，沿视线方向在龙门板上定出一点，用钢钉作标志，纵向翻转望远镜，在 N 点左侧 PN 直线方向线上的龙门板并在龙门板上钉一个钢钉。用同样的方法，将各轴线引测到龙门板上，所钉钢钉称为轴线钉。经校核位置准确后方可定位。轴线钉定位误差应控制在小于±5mm 以内。

最后，用钢尺沿龙门板的顶面，检查轴线钉的间距，其距离误差 K 值不超过 1/3000。检查合格后，以轴线钉为准，将墙边线、基础边线、基础开挖边线等标定在龙门板上。

恢复轴线时，将经纬仪安置在一个地面轴线钉上方，用望远镜筒照准相应的另一个轴线，该视线方向即为轴线方向，向下转动望远镜，便可将轴线投测到基槽或基坑内，也可以用白线将相对的两个轴线钉位置连接起来，借助垂球将轴线投测到下挖的基槽或基坑内。

测量小故事

测量“天地经纬”，绘就“锦绣山城”

图 3-18 是中铁建工的“青年测量人”在为昔榆高速公路工程项目进行测量的场景。“七山二水一分田”正是中铁建工集团昔榆高速公路项目所处的山西省和顺县。和顺县雄踞太行之巅，素有“太行梁余”之称，大量的山地丘陵地貌给测量工作带来极大困难。从进场红线的放样及结构物的定位，测量人员遇到山体不好走的地方，一个接着一个接力攀爬到指定位置，鞋不知磨坏了多少双，衣服不知刮破了多少件，硬生生地在大山深处的荒林中，开辟出一条专属于测量人员的道路。导线复测时，昔榆高速公路测量人员要徒步几公里调整、测量、等待、读数、调整。每个控制点的测量工作都需要 1h 或更长的时间去完成。外出测量的时候，他们难得吃上一口热乎饭，只能靠早晨出门时带来的食物充饥。日晒雨淋下黝黑的皮肤，是他们的标配。脚底总是磨出水泡、血泡，小腿、小臂也常被灌木划破。长时间的野外工作，使每个测量人员身上都留下了独特的“印记”。

中铁建工一路向南，承建的铁路专线项目万州新田港铁路集疏运中心，位于美丽的山城重庆东北部山区，GPS 信号弱，为了保证 GPS 接收卫星信号不受干扰，测量人员专门把 GPS 网点位布设在了山顶，万州新田港铁路集疏运中心项

图 3-18　中铁建工“青年测量人”

目中隧道占比大，采用了多重测量复核方式和“双检制”（双人平行计算测量、相互检核），提高导线测量精度。测量人员每天需要到山巅埋设控制基点，在 100km 的水准路线上奋战，在接近 50℃高温的地表上进行导线联测。项目勘测过程中，他们开启了全天候的爬坡模式，背上一天的食物和水，转身就踏上了碎石泥泞的山路，拿着工具披荆斩棘。在山中开道，每次的选线都是对体力和耐心的极大考验。隧道导线测量时，测量人员要钻进隧道里三四个小时，通过摸索，中铁建工人创新组装完善照明装置，在隧道导线测量中极大节省了人力、物力，顺利完成了施工控制网、加密网方面的工作，五桥河大桥墩柱复测 50 次，隧道已完成导线复测，以及全线的水准测量对站场路基原地面、征地红线施测 7 次。

在云南勐绿高速公路项目，亚热带湿润气候的江城县，夏季高温多雨，雨季尚未退去的时候，测量人员就要先行开展测量工作，每天都要扛着 10 多 kg 重的仪器，披星而出戴月而归，穿越遍布蚊虫蛇蚁的亚热带山林，一步一个脚印地前往目的地进行工作。徒步 10kg 的跋涉，上百次的放样、复测、放样、再复测，40℃高温的炎热，和倾盆如注的暴雨，都见证着他们扬起光荣使命的臂膀，一路披荆斩棘，进而满载而归。

用青春丈量土地，以热情耕耘勐绿。从苍凉浑厚的西北，到闷热潮湿的南国，南征北战的路桥人用默默无言的付出、专业扎实的能力，为越织越密的中国路网建设不断贡献着力量，路桥人也将继续发扬工匠精神，大力投身中国路网建设事业，永当新时代的开路先锋。

任务实施与评价：

任务工单 22（自测）

项目名称	民用建筑工程施工测量	任务名称	民用建筑施工测量及定位放线
训练方式	理论习题	学时分配	2
姓名		个人得分	
日期		小组得分	
学期成绩		得分占比	
任务习题：（每空 2 分，共 100 分）			

1. 民用建筑是指________、________、________等类别的建筑。

2. 民用建筑的施工测量是指民用建筑在________阶段所进行的测量工作。测量的目的是按照设计图及________的要求，将建筑物的________、________放样出来，作为________配合施工。主要内容有建筑物定位放线________、________、________、________、沉降监测等。

3. 施工测量前的准备工作主要包括____________、____________、______________三项内容。

4. 建筑施工测量在准备设计图过程中主要关注的设计图有________、________、________、________。

5. 通过建筑总平面图，能够查取或________出建筑场地上所有________和____________的平面位置及其主要点的________等数据。通过总平面图还可以得到用地红线、________、____________等数据。

6. 通过建筑平面图，可以查取建筑物________________的各层平面________________，以及内部定位轴线之间的____________。

7. 通过基础平面图和基础详图，可以查取________与________的平面尺寸，基础平面________，基础中心及________、中线的____________；基础形式，基础横断面________及________等。基础平面图和基础详图是基础定位放线，基槽________、开挖________的主要依据。

8. 通过建筑物的立面图和剖面图，可以查取基础、地坪、________、楼板、________、屋架和屋面等的________，高程数据通常是以首层________为±0.000 为起算标高的相对高程。它是高程________的主要依据。

9. 制定测设方案主要包括________、________、________几项内容，方案制定是根据________要求、________要求、________安排、________特点、________条件要求等因素。

任务实施与评价：

任务工单23（实操）

<table>
<tr><td>项目名称</td><td>民用建筑工程施工测量</td><td>任务名称</td><td colspan="2">民用建筑施工测量及定位放线</td></tr>
<tr><td>训练方式</td><td>场地实操</td><td>学时分配</td><td colspan="2">2</td></tr>
<tr><td rowspan="1">姓名</td><td></td><td rowspan="4">个人得分（100分）</td><td rowspan="4"></td><td>团队协作（20分）</td></tr>
<tr><td>日期</td><td></td><td>仪器操作（30分）</td></tr>
<tr><td rowspan="2">学期成绩</td><td rowspan="2"></td><td>数据整理（30分）</td></tr>
<tr><td>笔记整理（20分）</td></tr>
</table>

1. 任务布置：建筑物的定位测设（放线）

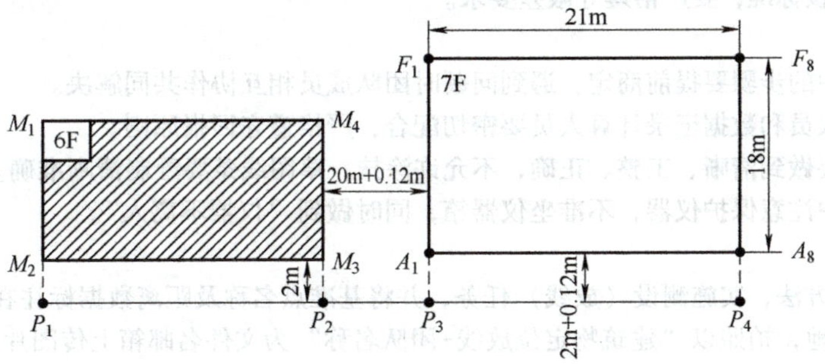

建筑物定位测设示例草图

测设基准线草图

第一步：各组准备好测量仪器（经纬仪或全站仪、钢尺、木桩、钢钉、锤子、细线绳、花杆或测钎），按照场地划分安排，踏勘各组已知基准点或线（如示例草图所示 M_2、M_3 点）的位置，待测设拟建建筑基准线点大致方向位置，再次查验测量仪器、工具是否齐全、完好，经纬仪或全站仪电量是否充足。

第二步：由组长组织团队成员，在任务工单中（示例草图下方）绘制出各自测设基准线草图，并按场地地标名称标出已知基准点名称，同时进行角色工作分配。

第三步：用钢尺分别沿既有建筑外墙（如示例草图中 M_1M_2、M_3M_4）方向拉线，用钢尺分别从墙角沿线向外量 2m，并在地面上钉入木桩作出标记 P_1、P_2，在 P_1 点安置经纬仪，照准 P_2 点，用钢尺从 P_2 点沿 P_1P_2 视线方向量取建筑间距+外墙轴线与外墙皮距离（如示例草图 20m+0. 12m），定位 P_3 点，继续沿视线方向从 P_3 量取拟建建筑物长轴方向距离（如示例草图 21m），定位 P_4 点，钉入木桩作出标记。

（续）

第四步：如示例草图，在 P_3 点安置经纬仪，照准 P_4 点，逆时针测设（放样）90°直角，用钢尺从 P_3 点沿视线方向上量取 2m+外墙轴线与外墙皮距离（如示例草图 0.12m），定位 A_1 点，继续从 A_1 点沿视线方向量取拟建建筑物短轴方向距离（如示例草图 18m），定位 F_1 点；同理在 P_4 点安置经纬仪，照准 P_3 点，顺时针测设（放样）90°直角，用钢尺从 P_4 点沿视线方向上量取 2m+外墙轴线与外墙皮距离（如示例草图 0.12m），定位 A_8 点，继续从 A_8 点沿视线方向量取拟建建筑物短轴方向距离（如示例草图 18m），定位 F_8 点。定位拟建建筑物 4 个角点，分别钉入木桩作出标记。

第五步：检核测设基准点位是否准确，需要分别在（F_1、A_1、A_8、F_8）4 个点位上安置经纬仪，检测 4 个角是否为直角；再分别用钢尺量取 4 条轴线外廓边线距离，长轴方向尺寸是否准确，短轴方向尺寸是否准确。若数据检核精度不符合标准，须找出原因重新测设。

2. 任务分析

团队成员须根据设计图已知条件制定测设方案，规划具体测设步骤，测设过程中需要团队成员密切配合，对待数据检核标准，要严格遵守限差要求。

3. 注意事项

1）测量方案中的步骤要提前商定，遇到问题时团队成员相互协作共同解决。

2）仪器操作人员和数据记录计算人员要密切配合，严格遵守回报原则。

3）数据记录要做到清晰、工整、正确，不允许涂抹，草图线条要绘制清晰准确。

4）测量过程中注意保护仪器，不准坐仪器箱，同时做到“仪器不离人”。

4. 任务实施

按照任务布置方法，实施测设（放线）任务，并将基准点名称及距离数据标注在草图上。经检核拉线完成后，整理场地，拍照以“建筑物定位放线+团队名称”为文件名邮箱上传图片。

【思考】 建筑物定位测设示例草图中的数据 0.12m 是不是固定常数？数据 2m 是不是固定常数？可不可以调整？如果可以，按照什么规则调整？如果不可以，为什么？

任务实施与评价：

任务工单24（实操）

项目名称	民用建筑工程施工测量	任务名称	民用建筑施工测量及定位放线（轴线）	
训练方式	场地实操	学时分配	2	
姓名		个人得分（100分）	团队协作（20分）	
日期			仪器操作（30分）	
学期成绩			数据整理（30分）	
			笔记整理（20分）	

1. 任务布置：建筑物的轴线定位测设（放线）。

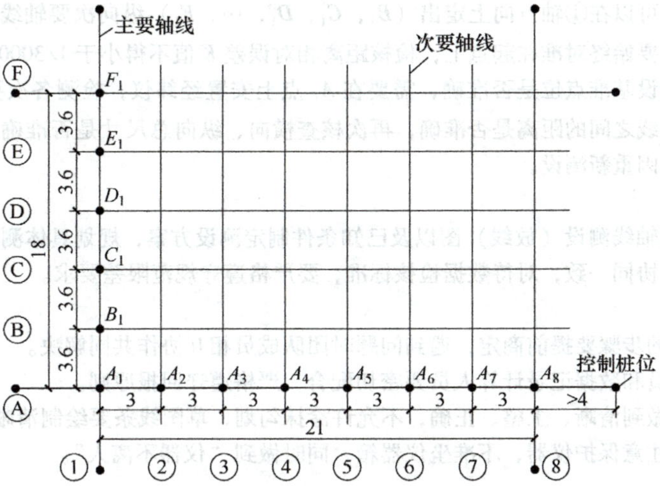

建筑物轴线定位测设示例草图（单位：m）

测设基准线草图

第一步：各组准备好测量仪器工具（经纬仪或全站仪、钢尺、木桩、钢钉、锤子、细线绳、花杆或测钎），按照任务工单23（实操）所测基准点位置，进行拟建建筑物轴线测设（放线），再次查验测量仪器、工具是否齐全、完好，经纬仪或全站仪电量是否充足。

（续）

第二步：由组长组织团队成员，在任务工单中（示例草图下方）绘制出各自测设基准线草图，并按场地地标名称及必要尺寸标出已知基准点名称，草图可不按真实尺寸比例绘制，但要求协调清晰。同时进行角色工作分配。

第三步：用经纬仪监测方向，用钢尺量距，将主要轴线交点即拟建建筑物4个外廓轴线交点向外引出一定安全距离（>4m），定位控制桩（附近有稳固建筑物的也可将控制桩引到建筑物墙上，用油漆做好标记）。每条主轴线至少保留一个控制桩位在地面，方便后续安置经纬仪引测。控制桩位定位准确后，钉入木桩，桩上钉入钢钉作出标记。

第四步：如示例草图，在A_1点安置经纬仪，瞄准A_8点，把钢尺的零端点对准A_1点，用钢尺沿A_1A_8方向量出相邻两轴线间的距离（3m、6m、9m），分别定出（A_2、A_3、A_4）次要轴线交点，定位过程中全程检查钢尺是否拉平、零端点是否移位、方向是否偏离。

确定次要轴线交点位置后，在定点处钉入木桩，并用钢钉作出标记。将该方向次要轴线分别确定后，用经纬仪观测指挥，检验各点是否在一条直线上，同时拉平钢尺，检查尺寸是否正确。经验证校准后，将木桩钉牢固。

使用同样方法，可以在①轴方向上定出（B_1，C_1，D_1，…，F_1）纵向次要轴线交点。量出各轴线之间距离时，钢尺零点要始终对准在起点上，检核距离相对误差K值不得小于1/3000。

第五步：检核测设基准点位是否准确，需要在A_1点上安置经纬仪，检测各次要轴线交点位置是否在一条直线上，各轴线之间的距离是否准确，再次核查横向、纵向总尺寸是否准确。若数据检核不符合标准要求，须找出原因重新测设。

2. 任务分析

团队成员须根据轴线测设（放线）图以及已知条件制定测设方案，规划具体测设步骤和方法，测设过程中需要团队成员协同一致，对待数据检核标准，要严格遵守规范限差要求。

3. 注意事项

1）测量方案中的步骤要提前商定，遇到问题时团队成员相互协作共同解决。

2）仪器操作人员和数据记录计算人员要密切配合，严格遵守回报原则。

3）数据记录要做到清晰、工整、正确，不允许涂抹勾划，草图线条要绘制清晰准确。

4）测量过程中注意保护仪器，不准坐仪器箱，同时做到“仪器不离人”。

4. 任务实施

按照任务布置方法，实施测设（放线）任务，并将基准点名称及必要距离数据标注在草图上。经检核拉线完成后，整理场地，拍照以“建筑物轴线放线+团队名称”为文件名邮箱上传图片。

【思考】

1）建筑物定位测设示例草图中的数据4m是不是固定常数？可不可以调整？如果可以，按照什么规则调整？如果不可以，为什么？

2）控制桩定位引测时，为什么一条主轴线控制桩需要至少留一个地面控制桩位，而不能将一根主轴线的定位桩全部引测到附近建筑物墙上？

任务总结：本次任务为实操性质知识，知识点总结如图3-19所示。

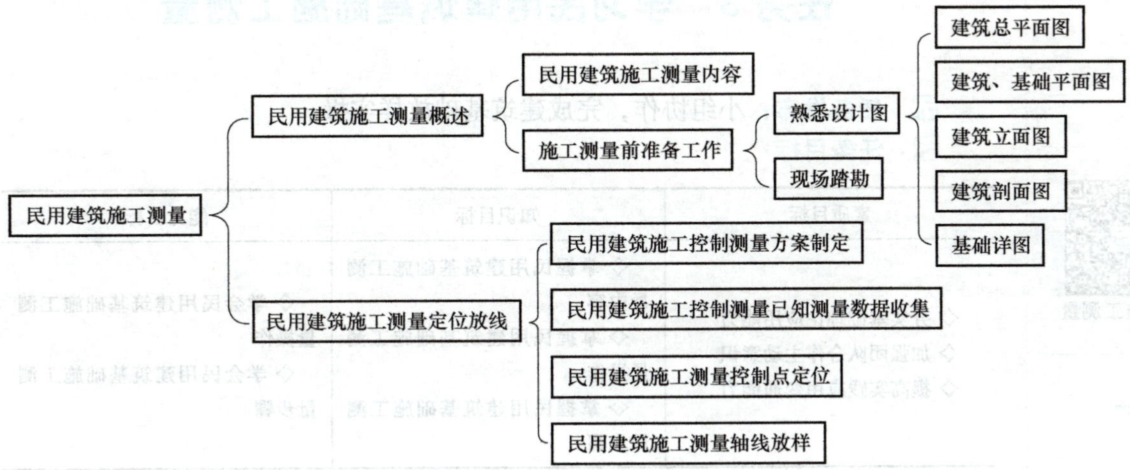

图3-19 任务2知识点总结

基础施工测量

任务 3 学习民用建筑基础施工测量

任务发布： 小组协作，完成建筑基础放样实操。

任务目标：

素质目标	知识目标	能力目标
◇ 夯实基础理论应用能力 ◇ 加强团队合作主动意识 ◇ 提高实践应用变通能力	◇ 掌握民用建筑基础施工测量内容 ◇ 掌握民用建筑基础施工测量操作 ◇ 掌握民用建筑基础施工测量步骤	◇ 学会民用建筑基础施工测量操作 ◇ 学会民用建筑基础施工测量步骤

任务分析与学习：

3.1 基础开挖边线的确定

建筑定位轴线确定后，就要在地面撒灰确定基础开挖边线，边线的具体位置是根据基础定位轴线和基础剖面图的计算以及地质条件综合得出。其中基础定位轴线在本项目上节任务中已经讲述。地质条件可在甲方提供的设计图资料中查取，下面主要讲述根据基础剖面图进行基础边线的计算的部分内容，如图 3-20 所示。

按照基础剖面图给出的基槽深度及基底宽度计算基槽开挖宽度 d，公式如下：

$$d=B+2mh$$

式中 B——基底宽度；

h——基槽深度；

m——边坡坡度的分母值，该值与地质条件相关。

根据上式计算结果，以轴线中心线为准，分别向两边测量 $d/2$ 的距离，经检核无误，拉线参照，在地面撒出灰线为标记，作为基槽开挖边线，如图 3-21 所示。

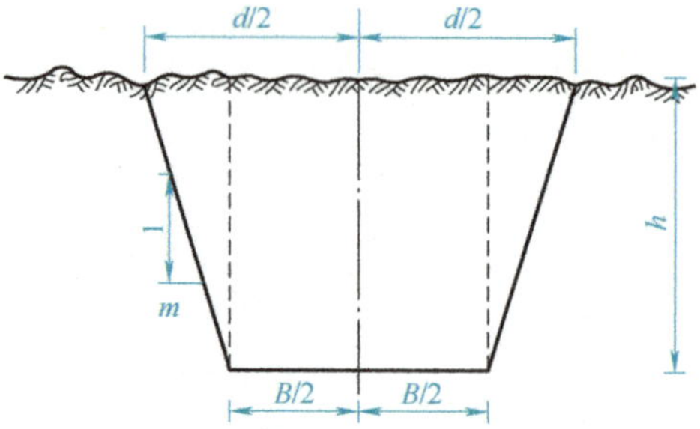

图 3-20 基槽开挖宽度计算图示

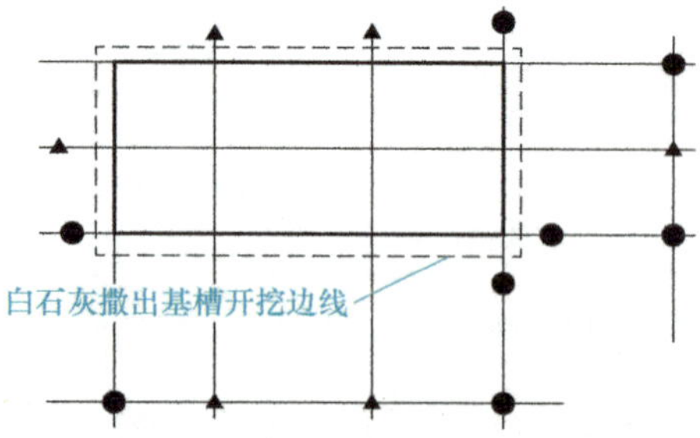

图 3-21 基槽开挖边线撒灰图示

若作基坑开挖边线，原理相同，通过外墙基础的宽度和深度以及放坡条件要求综合确定基坑开挖边线位置。

3.2 基槽开挖深度和垫层标高的控制

3.2.1 基槽开挖深度的确定

基槽开挖深度不能超挖，因为原有土层遭到破坏，即便混凝土回填承载能力也会受到不良影响。因此通常机械开挖到距离槽底一定距离（通常 0.300～1.000m）时，需要开始控制超挖，当快挖到坑底设计标高时，为了能方便及准确地控制基坑的开挖深度以及平整度，可用水准仪根据地面设置的±0.000m 标高点，测设自角点开始，沿水平方向间隔距离 3～4m 布置一些水平小木桩（又称腰桩）。水平小木桩上的高程误差应控制在 10mm 以内。将这些小木桩钉入基坑的侧壁上，作为基坑挖土方的水平标高控制点，使木桩的上表面离坑底的设计标高为一固定值（如 0.300m、0.500m、0.800m、1.000m 等）。水平小木桩也可作为挖土深度、修平坑底和打基础垫层、绑扎钢筋、支模板以及用来计算所能用到的其他标高数值的依据，如图 3-22 所示。

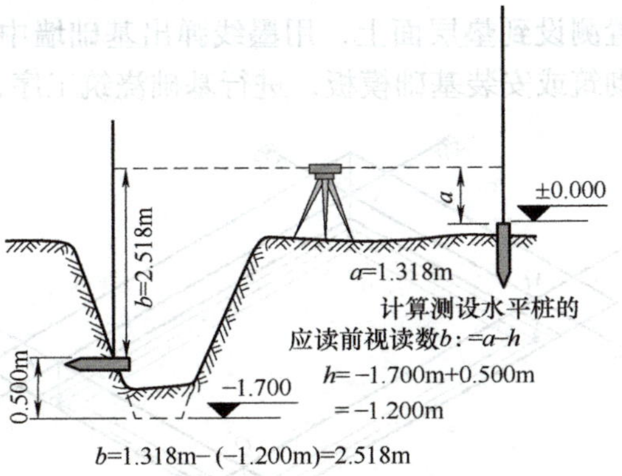

图 3-22　基槽（基坑）底水平桩测设图示

例如，控制桩顶标高为±0.000m，槽底设计标高为-1.700m，水平桩高于槽底设计标高 0.500m，即水平桩高程为-1.200m，水准仪后视地面控制桩上水准尺读数 a 为 1.318m，则水平桩上水准尺的应有读数 b 为 a+1.200m，即 2.518m。

测设时将前尺水准尺竖直方向上下移动，当水准仪捕捉到读数为 2.518 时，沿尺底水平方向将桩钉入基槽侧壁，然后进行标高检核，误差限差值为 10mm，若误差超限必须重新调整。

3.2.2 基槽垫层标高的控制

垫层标高的测设（放样）可以用水平桩在基槽侧壁上拉线（弹线）标记，也可以在槽底打入垂直桩，使桩顶标高等于垫层面的标高，如图 3-23 所示。

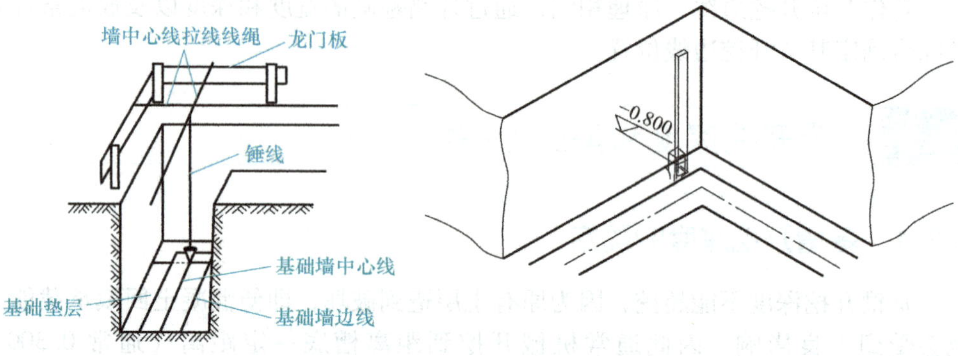

图 3-23 基槽（基坑）底垂直桩测设图示

基槽用机械开挖，一次性准确挖至基底标高不好掌握，通常留一层（通常0.300~0.500m）使人工清理基底，防止超挖。当基坑底面积较大时，为了准确控制整个地面的标高，应在坑底均匀地打一些垂直桩，使桩顶标高等于垫层标高，便于监测垫层标高符合设计图的要求。

3.2.3 垫层上测设基础中心线

垫层按照设计图打好后，根据地面龙门板（控制桩），用经纬仪或用拉线吊锤的方法把轴线位置测设到垫层面上，用墨线弹出基础墙中心线和基础墙边线，以便后续的基础墙砌筑或安装基础模板，进行基础浇筑工序，如图 3-24 所示。

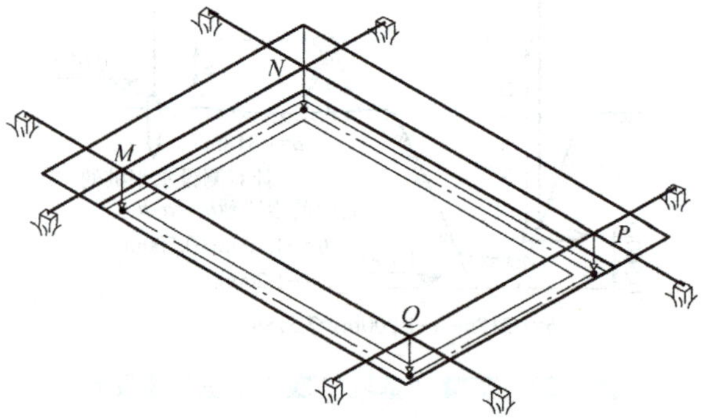

图 3-24 垫层标高龙门板、控制桩测设图示

3.3 基础标高的控制

房屋建筑基础墙是指±0.000m 以下的基础墙。基础墙的标高是用基础皮数杆来控制的，如图 3-25 所示。

基础皮数杆是一根木制的杆子，在杆上事先按照设计尺寸，将砖、灰缝厚度画出线条，并标明±0.000m 和防潮层的标高位置。使用时先在立杆处打一木桩，用水准仪在木桩侧面定出一条高于垫层某一数值（如 100mm、200mm）的水平线，然后将皮数杆上标高相同的一条线与木桩上的水平线对齐，并用钢钉把皮数杆与木桩钉在一起，作为砌筑或浇筑基础墙的标高依据。

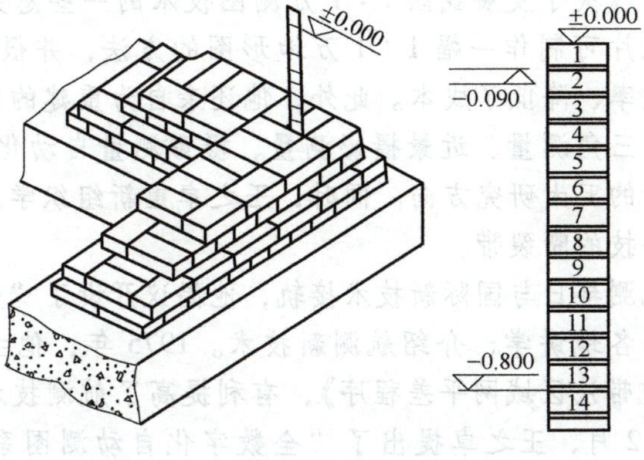

图 3-25　皮数杆控制基础标高图示

基础施工结束后，可用水准仪测出基础面上若干点的高程和设计图高程进行比较，允许误差为±10mm。

【拓展实践】若是混凝土浇筑基础，标高控制是否适合用皮数杆控制？如何操作更合理？

测量小故事

中国航空摄影测量之父　王之卓

图 3-26 为中国航空摄影测量之父王之卓。

1956 年武汉测量制图学院（简称武测）筹建之初，王之卓为筹委会委员。学院成立后，他先后担任该院教授、航测与制图系主任、第一任航测系主任等职，并在航测与制图系分开为航测系和制图学系后，出任航测系首任系主任。

图 3-26　中国航空摄影测量之父 王之卓

王之卓对武测乃至中国测绘教育最大的贡献，就是奠定了中国摄影测量与遥感学科的基石。1957 年 9 月，在《武汉测量制图学院学报》创刊号上，王之卓发表了题为《偶然误差累积的系统现象及其在摄影测量中的应用》，在我国首次提出了偶然误差累积的规律。同年 12 月，他参加了在北京召开的中苏朝越蒙五国测绘科技会议，发表题为《起伏地区航摄像片相对定向元素解算公式的研究》，提出的新解算公式的精度大大优于苏联的“瓦洛夫公式”，被人称之为“王之卓公式”，从而确立了我国航测在世界的领先地位。

1973年他承担了国家测绘局重点科研项目《小比例尺放大成图》的研究。在呈报国家航测局《关于发展我国1：1万测图技术的一些意见》一文中他提出了，使一幅航测像片可制作一幅1：1万地形图的方法，并很快用于生产实际，大大提高了生产效率、降低了成本。此外，他还亲自为重建的武汉测绘学院航测系制订了解析空中三角测量、近景摄影测量、摄影测量自动化、数字地面模型、遥感及其应用等新的五大研究方向。同时，王之卓重新组织学术梯队，衔接我国与发达国家先进科技的断裂带。

为了使我国航测早日与国际新技术接轨，他倡议开设了“航测新技术”专业课程，亲自到全国各地讲学，介绍航测新技术。1975年，他主持编制出我国最早的航测软件《航带法区域网平差程序》，有利提高了航测技术的广泛应用和可操作性。1978年12月，王之卓提出了“全数字化自动测图系统的研究方案”，该项目于1980年被列入国家重点科研项目。

经过多年艰苦努力，在他直接指导下，课题组解决了摄影测量由模拟与解析向数字摄影测量发展的一系列重大理论和技术问题，使数字影像匹配这一国际上急需解决久攻未克的难题，取得了突破性进展。利用该成果研制的“全数字化自动测图系统软件包”，创造性地运用了跨接法、松弛法和一维动态规划进行二维整体匹配，使影像匹配速度创下世界最高点——每秒200点，并达到实用化要求。该项目荣获1988年度国家教委科技进步一等奖、1994年获第六届国家自然科学二等奖。

1992年起，课题组又将该项目进行产业化和国际化，至1998年春，研制的“数字摄影测量工作站VirtuoZo”已经商品化和国际化，由澳大利亚VSI公司和全球20多个代理商进行国际销售，已成为我国唯一的跻身于世界四大类软件产品之一，实现了我国测绘高科技产品在世界上占有一席之地的理想，在国际上享有很高的声誉。王之卓被国际摄影测量与遥感学会授予最高荣誉“荣誉会员”称号，成为在世界受此殊荣者仅七人中之一。

任务实施与评价：

任务工单 25（自测）

项目名称	民用建筑工程施工测量	任务名称	民用建筑基础施工测量
训练方式	理论习题	学时分配	2
姓名		个人得分	
日期		小组得分	
学期成绩		得分占比	

任务习题：（每空 2 分，共 100 分）

1. 建筑定位轴线确定后，就要在地面________确定基础开挖________，________的具体位置是根据________和________的计算以及________条件综合得出。

2. 按照基础剖面图，基槽开挖宽度 d 的计算公式为________________，各变量的意义为________________、________________、________________。

3. 基槽开挖深度不能超挖，因为________________。通常机械开挖到距离槽底________时，需要开始控制超挖，用水准仪根据________设置的________标高点，测设自____开始，沿____方向间隔距离________布置一些水平桩，误差控制在________。水平桩也可作为挖土深度、修平坑底和__________、__________、__________以及用来计算所能用到的其他标高数值的依据。

4. 用水准仪测设水平桩位置，测设过程中计算水平桩处水准尺读数的计算公式为________。水平桩的____________位置为标高控制基准，误差控制到____________以内。

5. 垫层标高的测设可以用________________在________________侧壁拉线标记，也可以在槽底打入________________，使桩顶标高等于________________标高。

6. 当基坑底面积较大时，为了控制________，应在________均匀地打一些________，使桩顶标高等于________，便于监测垫层标高符合________的要求。

7. 垫层按照设计图打好后，根据地面________、________，用________或用________的方法把轴线位置测设到________，用墨线将________和________弹出，以便后续工序开展。

8. 房屋建筑基础墙是指________以下的基础墙，基础墙的标高是用________来控制的，它是一根________制的杆子，在杆子上事先按照____________，将____________、____________画出线条，并标明____________和____________的____位置。基础标高误差允许限差范围是________。

任务实施与评价：

任务工单 26（实操）

项目名称	建筑工程施工测量	任务名称		民用建筑基础施工测量	
训练方式	场地实操	学时分配		2	
姓名		个人得分（100 分）		团队协作（20 分）	
日期				仪器操作（30 分）	
学期成绩				数据整理（30 分）	
				笔记整理（20 分）	

1. 任务布置：建筑物的基槽开挖边线定位测设（放线）

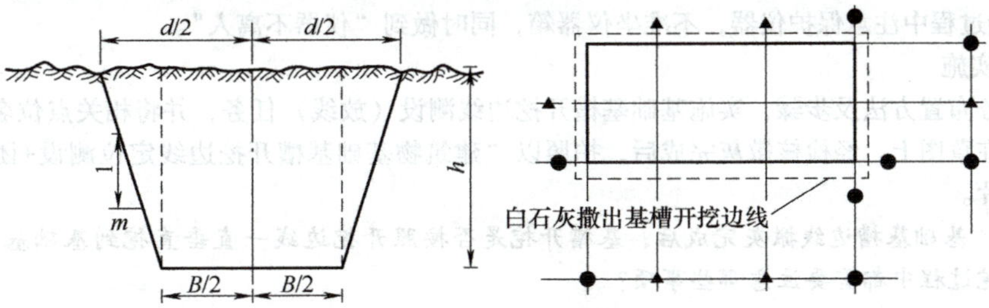

建筑物基槽开挖边线测设示例草图

建筑物基槽开挖边线测设草图

第一步：各组准备好测量仪器工具（经纬仪或全站仪、钢尺、锤子、测钎、细线绳、撒灰筒、撒灰铲），按照上述“建筑物基础开挖边线测设示例草图”以及给出基底宽、深、放坡条件，计算出基槽开挖线位置，利用任务工单 23（实操）所测定轴线定位位置，进行拟建建筑物基槽开挖边线测设（放线）。再次查验测量仪器、工具是否齐全、完好，经纬仪或全站仪电量是否充足。

第二步：由组长组织团队成员，在任务工单中（示例草图下方）绘制出各组基槽开挖边线测设草图，并按场地标出地标名称及必要尺寸和控制桩名称，草图可不按真实尺寸比例绘制，但尺寸按照真实测量值标注，并要求图面绘制协调、清晰。同时进行角色任务工作分配。

第三步：用经纬仪检核方向，用钢尺量距，重新检核尺寸、位置是否有误，桩位是否缺失或移位，定位控制桩是否稳固（控制桩位引测到附近建筑物墙上的，查验油漆标记是否清晰）。整体查验无误后，在任务单中完善图示，并标明点位名称、必要尺寸以及所引控制桩名称和位置。

第四步：验证基槽开挖边线计算无误后，用测钎固定细线绳，在轴线两侧拉线标记基槽边线位置，用钢尺测量轴线两端基槽开挖边线宽度以检验线绳拉线位置，经检核确认后，开始撒灰。撒灰时一位团队成员用撒灰铲轻轻沿拉线标记撒出基槽开挖边线位置，另一位团队成员提灰桶跟随。

（续）

第五步：全部基础的基槽开挖边线撒灰完成后，团队进行整体检查，查验是否有缺失、纰漏或是位置偏移，稍作调整。确认无误后，整理场地。

2. 任务分析

团队成员须根据轴线测设（放线）图、基础剖面图以及已知条件（放坡坡度）计算宽度，制定测设方案，规划具体测设步骤和方法，测设过程中需要团队成员协同一致，对待数据检核标准，要严格遵守规范要求。

3. 注意事项

1）本次实操所使用的石灰有腐蚀性，使用时需要注意，不要抛撒，防止进入眼睛和损伤皮肤，撒灰过程中提桶成员要站到下风侧，撒灰成员，灰铲要低，尽量控制石灰飞扬。

2）测量方案中的步骤要提前商定，遇到问题时团队成员相互协作共同解决。

3）仪器操作人员和数据记录计算人员要密切配合，严格遵守回报原则。

4）数据记录要做到清晰、工整、正确，不允许涂抹，草图线条要绘制清晰准确。

5）测量过程中注意保护仪器，不准坐仪器箱，同时做到“仪器不离人”。

4. 任务实施

按照任务布置方法及步骤，实施基础基槽开挖边线测设（放线）任务，并将相关点位名称及必要距离数据标注在草图上。经检核撒灰完成后，拍照以“建筑物基础基槽开挖边线定位测设+团队名称”命名，上传图片。

【思考】 基础基槽边线撒灰完成后，基槽开挖是否按照开挖边线一直垂直挖到基础基底设计标高？为什么？开挖过程中都需要注意哪些事项？

任务总结：本次任务为实操性质知识，知识点总结如图 3-27 所示。

- 民用建筑基础施工测量
  - 民用建筑基础开挖边线定位施工测量
  - 民用建筑基础基槽开挖深度控制测量
  - 民用建筑基础施工垫层标高控制测量
  - 民用建筑施工基础标高控制测量

图 3-27　任务 3 知识点总结

主体施工测量

任务 4　学习民用建筑主体施工测量

任务发布：小组合作，完成建筑主体定位放样实操。

任务目标：

素质目标	知识目标	能力目标
◇ 提升理论应用能力 ◇ 加强团队合作主动意识 ◇ 提高实践解决问题能力	◇ 掌握民用建筑主体施工测量内容 ◇ 掌握民用建筑主体施工测量方法 ◇ 掌握民用建筑主体施工测量步骤	◇ 懂民用建筑主体施工测量项目 ◇ 会民用建筑主体施工测量操作

任务分析与学习：

4.1 民用建筑墙体施工测量

4.1.1 建筑首层墙身定位

对于建筑主体，墙身的测设（放线）内容主要有如下：利用轴线控制桩或龙门板上的轴线标记和墙体边线标志，用经纬仪或细绳吊垂球的方法将轴线投测到基础面上或防潮层上；在基础面上用墨线弹出墙体中线和墙体边线位置；检查外墙轴线交角是否为90°直角，如图 3-28a 所示；墙体轴线向外延伸并标记在外墙基础上，如图 3-28b 所示，作为后续向上投测轴线位置的依据。

门、窗以及其他洞口的边线位置，也在外墙基础外侧标定出来，以备后续向上传递。

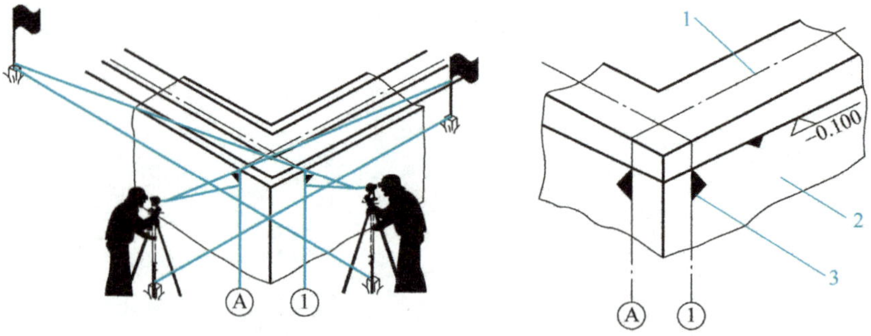

a) 检查外墙测设　　b) 延伸墙体轴线标记

图 3-28　墙体定位测设

1—墙体中心线　2—外墙基础　3—轴线延伸标记

4.1.2 建筑主体墙身各部位标高控制

在墙体施工中，墙身各部位标高通常也是用皮数杆来控制。

1）在墙身皮数杆上，根据设计尺寸，按砖、灰缝的厚度预先画出线条，并标明±0.000、门、窗、楼板等的标高位置线，如图3-29所示。

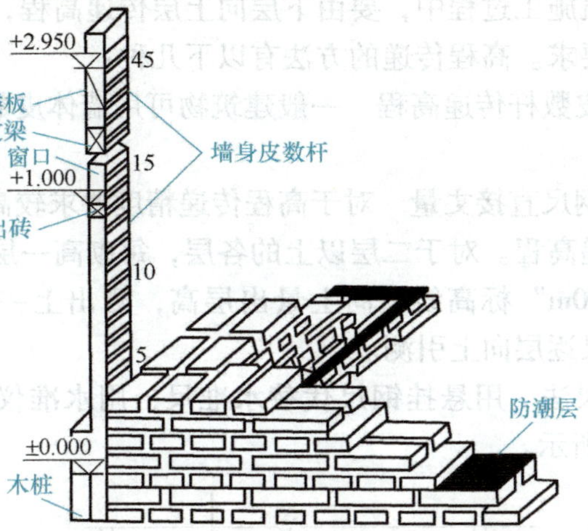

图3-29 墙身皮数杆标高测设

2）墙身皮数杆的设立与基础皮数杆相同，使皮数杆上的±0.000m标高与房屋的室内地坪标高相吻合。自墙的转角处起，每隔10~15m设置一根皮数杆。

3）在墙身砌起1m以后，在室内墙身上定出+0.500m的标高线，作为该层地面施工和室内装修标准线。

4）对于二层以上墙身施工，为了使皮数杆在同一水平面上，要用水准仪测出楼板四角的标高，取平均值作为地坪标高，并以该平均值作为二层立皮数杆的标志。

由于目前民用建筑中采用框架结构形式较为常见，该结构墙身砌筑是在框架施工后开始进行的，因此可在柱面上画线，以代替皮数杆的使用。

4.1.3 建筑物各层墙身轴线投测

在多层建筑墙身砌筑过程中，为了保证建筑物轴线位置的正确性，可用垂球法或经纬仪法将轴线投测到各层楼板边缘或柱顶上。

（1）垂球法　将垂球悬吊在楼板或柱顶边缘，当垂球尖对准基础墙面上的轴线标志时，线在楼板或柱顶边缘的位置即为楼层轴线端点位置，依此画出标志线。各轴线的端点投测完后，用钢尺检核各轴线的间距，相对误差 K 值不得超过1/3000，经查验精度符合要求后，继续后续施工，并按此方法把轴线逐层自下向上传递。

垂球法施工简便，工具简捷，不受施工场地限制，一般情况下都能保证施工质量。但当有风或建筑物较高时，垂线发生摆动，导致投测误差较大，应该采用经纬仪法。

（2）经纬仪法　在轴线控制桩上安置经纬仪，精确整平后，瞄准基础墙面上的轴线标志，用盘左、盘右分中投点法，将轴线投测到楼层边缘或柱顶上。将所有端点投测到楼板上之后，用钢尺检核其间距，相对误差不得大于1/3000。检查合格后，才能在楼板分间弹线，继续后续施工。

4.1.4 建筑物高程传递

在多层建筑施工过程中，要由下层向上层传递高程，以便楼板、门窗口等的标高符合设计要求。高程传递的方法有以下几种：

（1）利用皮数杆传递高程　一般建筑物可用墙体皮数杆传递高程。具体方法参照4.1.2。

（2）利用钢尺直接丈量　对于高程传递精度要求较高的建筑物，通常用钢尺直接丈量来传递高程。对于二层以上的各层，每砌高一层，就从楼梯间用钢尺从下层的“+0.500m”标高线，向上量出层高，测出上一层的“+0.500m”标高线。这样用钢尺逐层向上引测。

（3）吊钢尺法　用悬挂钢尺代替水准尺，用水准仪读数，从下向上传递高程，如图3-30所示。

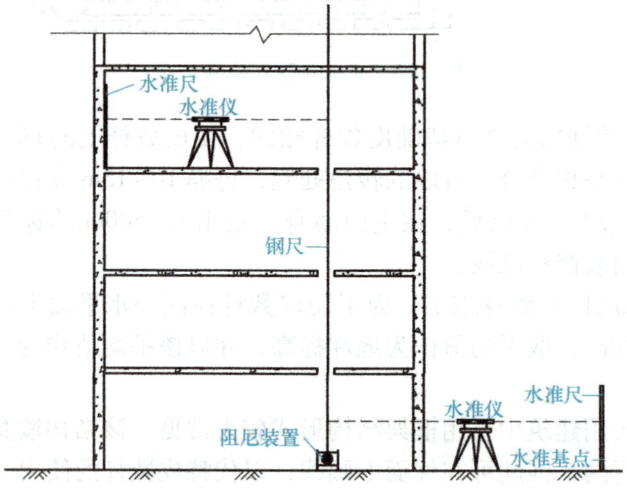

图3-30　吊钢尺法高程传递测设

4.2 建筑物装饰装修施工测量

建筑物装饰装修阶段的施工测量是在建筑主体结构施工完成后进行测量，按装饰装修施工要求将施工所需要的控制点、线及时弹在墙板上作为装饰工程施工的控制依据。

4.2.1 门窗安装施工测量

1）门窗口的边线位置测量：从建筑最顶层找出外窗口的边线，用垂线将边线向下引测，并采用经纬仪进行校核，以确保精度。

2）门窗口的水平位置测量：由室内 50cm（通常称为 50 线）水平控制线确定，向上反至窗下皮标高并弹线找直。各门口应从水平控制线测设门口上皮标高并拉通线，确保所有的门口上皮在同一水平线上。

4.2.2　抹灰施工测量

抹灰施工阶段的施工测量内容主要有以下几个方面：

1）利用结构控制线、砌筑控制线进行灰饼定点，并将地面控制线弹到墙上。

2）门洞侧面和顶面，利用砌筑门洞中线，采用扫平仪进行灰饼定点。

3）烟道、水电管井也需采用激光贴饼，并保证现场与设计尺寸一致。

4）门窗洞口二次收口，弹控线 150mm，门窗侧面和顶面进行灰饼定点。

5）抹灰完成后在墙面弹出建筑 1m 线。

6）结构模板安装、结构模板拆除、砌筑和抹灰完成后三天内，总包和监理必须完成该楼层的实测实量，并将测量记录报送项目部、品质管理中心（资料由监理工程师收集整理）。

4.2.3　地面工程施工测量

地面工程施工测量标高的传递方式，采用在楼梯间和窗口处进行。

测设 50cm 或 100cm 水平控制线：50cm 或 100cm 水平控制线的测设允许误差符合相关标准要求，室内的 50cm 水平控制线是控制地面标高、门窗安装等项目的重要依据，在弹墨线时应注意墨线的宽度不得大于 1mm，防止误差过大，如图 3-31 所示。

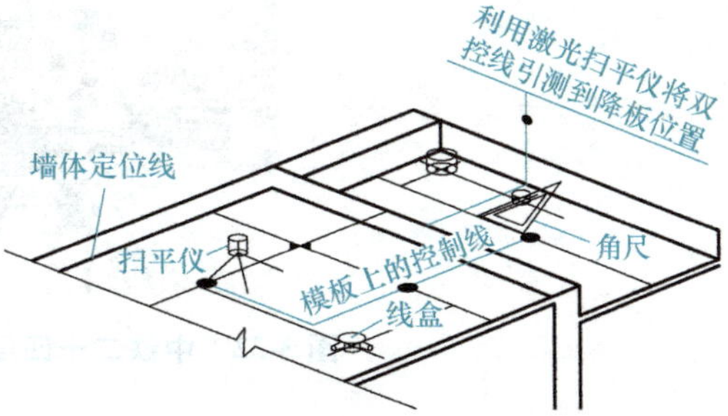

图 3-31　地面工程施工测设

用水准仪检测地面面层的标高时，水准仪测点的间距应符合以下要求：大厅应小于 5m，房间应小于 2m。

4.2.4　吊顶和屋面施工测量

吊顶和屋面施工测量以 100cm 水平控制线为依据，用钢尺量至吊顶设计标高，并在四周墙上弹出水平控制线，对于装饰吊顶结构比较复杂的，应在顶板上弹出十字分隔线，十字线应将顶板均匀分隔，以此为依据向四周扩展等距方格网来控制装饰吊顶结构的位置。

屋面测量首先要检查各方向流水实际坡度是否符合设计标准要求，并实测偏差，在屋面四周弹出水平控制线及各方向流水坡度控制线。每层门套两边竖向弹出墨线，并保证电梯门槛与门前地面水平度一致。

4.2.5　玻璃幕墙的安装测量

主体结构完成后需要安装玻璃幕墙的建筑，使用铅垂钢丝的测量方法来控制竖直龙骨的竖直度，幕墙分格轴线的测量放线应与主体结构的测量放线相配合，对其误差应在分段分块内控制，不得使误差积累。幕墙与主体连接的预埋件应按设计要求埋设，其测量放线误差偏差高度方向上不得大于±3mm，埋件轴线左右于前后方向上误差偏差不得大于±10mm。

【拓展实践】 根据多层建筑主体建筑施工测量，了解高层建筑主体施工测量，分析不同点。

测量小故事

用青春“测量”人生

韩廷凯（见图3-32）是京唐铁路项目中一个工程管理部副部长，全面负责测量技术工作。京唐铁路施工的几年期间，每天奋战在京唐铁路施工的最前沿，韩廷凯早已习惯了毒辣的太阳，漫天的风沙，以及自己越来越黝黑的肤色。

图3-32 中铁二十四局“测量大神”韩廷凯

在高铁建设中，桥梁施工的精度要求高，允许的误差仅为毫米级。测量人员有任何一丁点儿的失误，都可能导致桥梁轴线偏移，影响整体施工。他说：“为了保证测量精度，必须核对所有测量数据！我们做好记录，明确目标，责任到人，落实到位，确保了潮白新河特大桥20万个测量点准确无误地标定出来。计算零失误，操作零失误！”

毕业后，韩廷凯加入中铁二十四局集团，跟着师傅干上了工程测量。从最初的测量员到测量主管，再到如今的测量技术负责人，经历了金温铁路、杭黄铁路、福宜高速公路、金台铁路和京唐铁路等项目。

2018年初到京唐铁路项目，这是韩廷凯第一次在北方平原地带做测量工作。韩廷凯：“我们每天徒步穿越农田地带，进行红线测量、断面测量、平面复测、高程复测以及施工放样。我们一行人肩上扛着仪器，手里拿着塔尺，在田地里艰难跋涉。北方的风很大，携裹着细沙，吹进我们的头发里，灌进耳朵里，钻进鞋里；每天中午，我们的皮肤直接暴露在强烈的紫外线下，产生灼痛的感觉；汗水浸透了衣服，片刻又被风吹干，我们脸上经常挂着一层白色的碱盐……”

韩廷凯说，他深知测量工作只要有一点点疏忽或失误，就会影响工期进度，使企业蒙受巨大的经济损失。为保证每次计算数据和位置准确标定，韩廷凯每天都要对照设计图反复仔细地核对尺寸，再计算数据。从事测量工作 9 年来，韩廷凯计算数据、现场实测均超过 100 万次。

多年从事测量工作，韩廷凯感触良多："测量是工程的眼睛，它贯穿于工程始末，也是工地上最辛苦的一项技术工作。工程测量员是第一个进入现场的人。说是现场，其实就是荒郊野地。即使靠近城市的工程，眼前也没有一条像样的路。"选点时，他可能需要举着全站仪、水准仪，在一瞬间冲上一个十几米的土坡，或跳进一个三四米深的坑里，测量每个控制点的方位。然后，再根据设计院的设计图，用一个个点，把大桥初步的模样在心里描绘出来。

为了保证测量技术资料的准确，韩廷凯努力钻研，利用电子表格结合工程现场实际情况，自己编制了 10 套计算程序，解决了以往在使用计算机软件计算时稍有不慎就会出错的问题。这一改进，在确保数据准确性的同时，提高了工作效率，减少了工作量。

9 年来 100 万次的数据计算，韩廷凯的错误率为零，但他说："测量人的水平没有上限，只有不断地超越。我们要弘扬'严谨细致，精益求精'的工匠精神，秉承'分秒必究，毫厘不失'的专业态度，时刻保持清醒，把京唐铁路建设成为精品工程，打造'轨道上的京津冀'。"

任务实施与评价：

任务工单 27（自测）

项目名称	民用建筑工程施工测量	任务名称	民用建筑主体施工测量
训练方式	理论习题	学时分配	2
姓名		个人得分	
日期		小组得分	
学期成绩		得分占比	

任务习题：（每空 2.5 分，共 100 分）

1. 建筑物首层墙身定位是利用________或________和________，用经纬仪或________的方法，将轴线投测到基础________上或________上。

2. 在基础面上用________弹出墙体中心线和________位置，检查外墙轴线交角是否为________，墙体轴线向外延伸并标记在________上，作为后续向________投测轴线位置的依据。

3. 门窗洞口的边线位置，也在____________基础____________侧标定出来，以备后续向上传递。

4. 墙体施工中，墙身各部位标高通常用________________来控制。

5. 在墙身皮数杆上，根据________，按照________、________的厚度预先画出________，并标明________、门、窗、楼板等的________。

6. 墙身皮数杆的设立与____皮数杆相同，使皮数杆上的____标高与房屋的室内地坪标高相吻合。自墙的转角处起，每隔____ m 设置一根皮数杆。

7. 在墙身砌起____ m 以后，在室内墙身上定出____ m 的标高线，作为该层地面施工和室内装修标准线。

8. 对于二层以上墙身施工，为了使皮数杆在________水平面上，要用水准仪测出楼板四角的____，取________作为地坪标高，并以该________作为二层立皮数杆的标志。

9. 由于目前民用建筑中采用框架结构形式较为常见，该结构墙身砌筑是在________后开始进行的，因此可在________上画线，以代替皮数杆的使用。

10. 在多层建筑墙身砌筑过程中，为了保证建筑物轴线位置的正确性，可用________法或________法将轴线投测到________边缘或________上。相对误差值不得超过________。

11. 在轴线控制桩上安置经纬仪，________后，瞄准基础墙面上的________标志，用盘左、盘右分中投点法，将轴线投测到________边缘或________上。用钢尺检核其间距，相对误差检查合格后，才能在楼板分间弹线，继续后续施工。

任务实施与评价：

任务工单 28（实操）

<table>
<tr><td>项目名称</td><td>建筑工程施工测量</td><td colspan="2">任务名称</td><td>民用建筑主体施工测量</td></tr>
<tr><td>训练方式</td><td>场地实操</td><td colspan="2">学时分配</td><td>2</td></tr>
<tr><td>姓名</td><td></td><td rowspan="4">个人得分
（100 分）</td><td></td><td>团队协作（20 分）</td></tr>
<tr><td>日期</td><td></td><td></td><td>仪器操作（30 分）</td></tr>
<tr><td rowspan="2">学期成绩</td><td rowspan="2"></td><td></td><td>数据整理（30 分）</td></tr>
<tr><td></td><td>笔记整理（20 分）</td></tr>
</table>

1. 任务布置：地面双控线测设（放线）。

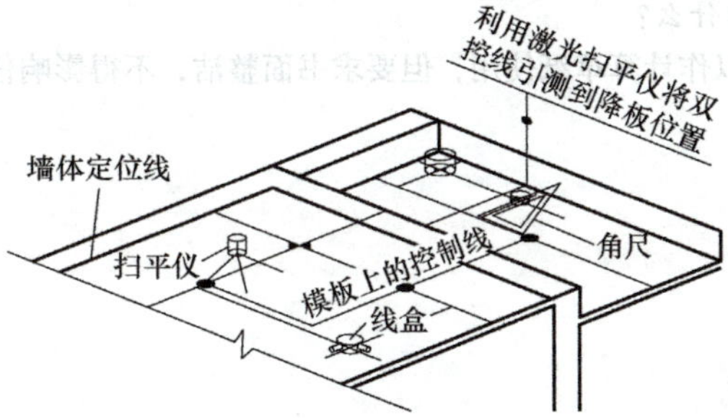

建筑物内部地面双控线测设示例草图

建筑物内部地面双控线测设草图

第一步：各组准备好测量仪器工具（水准仪、电子激光扫平仪、钢尺、线盒、三角尺、铅笔、标签贴纸、签字笔），再次查验测量仪器、工具是否齐全、完好，电子激光扫平仪电量是否充足。

第二步：由组长组织团队成员，踏勘场地，明确本团队测设、绘制双控线分配的具体区域位置，并按场地区域名称填写标签贴纸，要求标签填写字迹清晰规范，不得涂抹，格式为“团队名称+组长姓名”。同时组长进行角色工作任务分配。

第三步：用钢尺从墙角间隔 2m 确定水准仪测设点位，并做好标记（每组 4 个水准测设点位，取其平均值作为±0.000 位置线），在团队划分区域墙体指定位置绘制±0.000 控制线。

第四步：在确定±0.000 控制线的基础上，用水准仪配合电子激光扫平仪，测设出 50cm 水平控制线位置，并在墙体指定位置，用铅笔、三角尺绘制出+0.500m 线；同理测设出 1m 线位置，并在与+0.500m 线上下平行位置绘制出+1.000m 线，线宽小于 1mm。

第五步：用水准仪检核测设双控线位置是否准确，确认位置准确，绘制清晰后，将填好的标签贴到+1.000m 线起点位置。若经检核不符合标准要求，须找出原因重新测设。

（续）

2. 任务分析

团队成员须根据测设（放线）任务要求以及分配区域制定测设方案，规划具体测设步骤和方法，测设过程中需要团队成员协同一致，对待数据检核标准，要严格遵守规范要求。

3. 注意事项

1）测设（放样）方案中的步骤要团队集体提前商定，现场遇到问题时团队成员相互协作共同解决。

2）仪器操作人员和数据记录计算人员要密切配合，严格遵守回报原则。

3）数据记录要做到清晰、工整、正确，不允许涂抹，双控线条要绘制清晰准确。

4）测设过程中注意保护仪器，随时随手整理仪器工具，不准坐仪器箱，同时做到“仪器不离人”。

4. 任务实施：

按照任务布置方法步骤，实施测设（放线）任务。经检核绘制完成后，整理场地，拍照以“地面双控线测设+团队名称”为文件名，邮箱上传图片。

【思考】 室内地面±0.000位置为什么需要取多点测设平均值？直接在测设区域中间位置取1点位置作为±0.000可不可以？为什么？

（任务工单空白位置可以作计算草纸使用，但要求书面整洁，不得影响任务工单主体内容）

任务实施与评价：

任务工单 29（实操）

<table>
<tr><td>项目名称</td><td>民用建筑工程施工测量</td><td>任务名称</td><td colspan="2">民用建筑主体施工测量</td></tr>
<tr><td>训练方式</td><td>场地实操</td><td>学时分配</td><td colspan="2">2</td></tr>
<tr><td>姓名</td><td></td><td rowspan="4">个人得分（100分）</td><td rowspan="4"></td><td>团队协作（20分）</td></tr>
<tr><td>日期</td><td></td><td>仪器操作（30分）</td></tr>
<tr><td rowspan="2">学期成绩</td><td rowspan="2"></td><td>数据整理（30分）</td></tr>
<tr><td>笔记整理（20分）</td></tr>
</table>

1. 任务布置：建筑物主体轴线测设（放线）

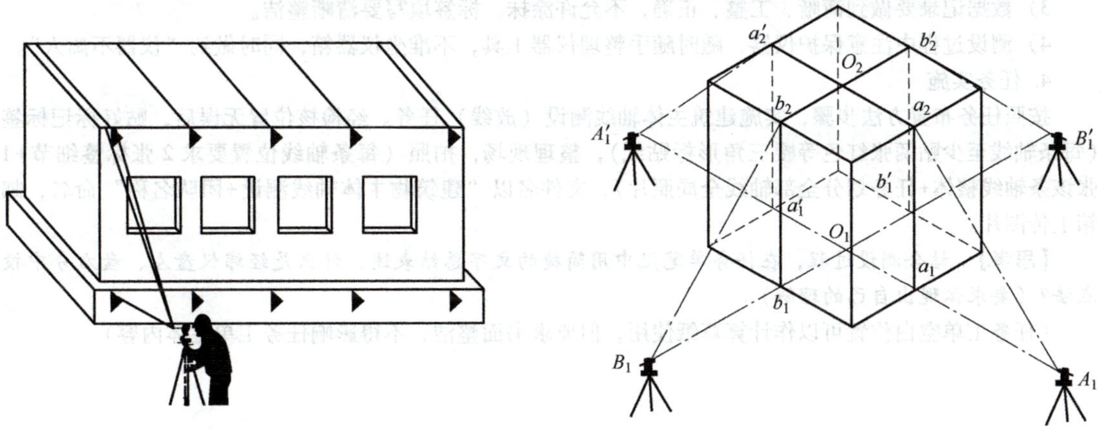

建筑物主体轴线测设示例草图

建筑物主体轴线测设草图

第一步：各组准备好测量仪器工具（电子经纬仪、三脚架、标签贴纸、红色等腰三角形贴纸、直尺、钢尺），再次查验测量仪器、工具是否齐全、完好，电子经纬仪电量是否充足。

第二步：由组长组织团队成员，踏勘场地，明确团队测设、绘制轴线分配的具体区域位置，并按场地轴线名称填写（轴线名称格式为"轴线编号+团队名称"）标签贴纸，标签填写要求字迹清晰规范，不得涂抹。同时组长进行角色工作任务分配。

第三步：在控制桩上安置经纬仪，精确整平后，按照图纸瞄准基础墙面上的轴线标志，用盘左、盘右分中投点法，将轴线投测到楼层边缘或柱顶上。将所有端点投测到楼板上之后，用钢尺检核其间距，

（续）

相对误差不得大于 1/3000。检查合格后，在轴线位置粘贴红色等腰三角形贴纸作为标记，粘贴过程中使用经纬仪监测，确保红色等腰三角形贴纸左侧边为垂直线，即红色等腰三角形贴纸上、下端点连线为轴线位置。每条轴线位置线至少粘贴两张红色等腰三角形贴纸，在每个三角形贴纸右侧贴一张轴线名称贴纸，名称格式为“轴线编号+团队名称”。

第四步：将所有点投测到楼板（外墙）上之后，做好标记，按照图纸用钢尺检核其间距，相对误差不得大于 1/3000。检查合格后，方可收队。

2. 任务分析

团队成员须认真根据测设（放线）任务要求以及分配区域制定测设方案，规划具体测设步骤和方法，测设过程中需要团队成员协同一致，对待数据检核标准，要严格遵守规范要求。

3. 注意事项

1）测设（放样）方案步骤要团队集体提前商定，现场遇到随机问题团队成员相互协作共同解决。

2）仪器操作人员和数据记录计算人员要密切配合，严格遵守回报原则。

3）数据记录要做到清晰、工整、正确，不允许涂抹，标签填写要清晰整洁。

4）测设过程中注意保护仪器，随时随手整理仪器工具，不准坐仪器箱，同时做到“仪器不离人”。

4. 任务实施

按照任务布置方法步骤，实施建筑主体轴线测设（放线）任务。经检核位置无误后，贴好标记标签（每条轴线至少贴两张红色等腰三角形标贴纸），整理现场，拍照（每条轴线位置要求 2 张标签细节+1 张该条轴线整体+任务划分全部轴线全局照片），文件名以“建筑物主体轴线测设+团队名称”命名，邮箱上传图片。

【思考】 结合测设过程，在任务单笔记中用简捷的文字总结表述，什么是经纬仪盘左、盘右分中投点法？（要求体现出自己的理解）

（任务工单空白位置可以作计算草纸使用，但要求书面整洁，不得影响任务工单主体内容）

任务总结： 本次任务为实操性质知识，知识点总结如图 3-33 所示。

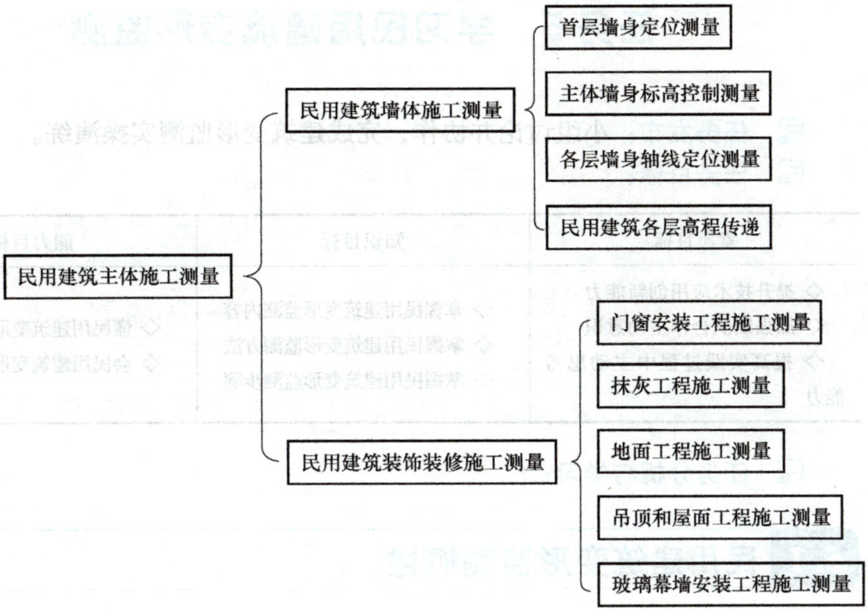

图 3-33　任务 4 知识点总结

变形监测

任务5　学习民用建筑变形监测

任务发布：小组讨论并协作，完成建筑变形监测实操演练。

任务目标：

素质目标	知识目标	能力目标
◇ 提升技术应用创新能力 ◇ 加强团队合作主动意识 ◇ 提高实践过程中主动思考能力	◇ 掌握民用建筑变形监测内容 ◇ 掌握民用建筑变形监测方法 ◇ 掌握民用建筑变形监测步骤	◇ 懂民用建筑变形监测项目 ◇ 会民用建筑变形监测操作

任务分析与学习：

5.1 民用建筑变形监测概述

在工程建筑的建设、使用和运营过程中，由于基础的地质构造、土壤的理化性质特征、地下水位的差异以及建筑物本身的荷载和外界的动荷载（如风力、振动、行走的人等）作用等因素影响，经常导致工程建筑发生沉降、位移、倾斜、裂缝和挠曲等形变。为了保证工程建筑的使用、运营安全以及为以后的建筑设计提供数据参照依据，用专门的测量仪器定期对建（构）筑物的以上形变特征进行观测的工作，称为变形测量。

5.1.1 变形监测的特点

由于工程建筑变形监测的目的相较于普通工程施工测量有所不同，相比之下具有以下特点：

（1）监测精度要求较高　由于变形观测的结果直接影响到变形原因合理分析、变形规律的正确描述以及变形趋势的科学预测，甚至建筑工程的安全，因此，变形观测必须具有较高的精度。《工程测量标准》（GB 50026—2020）对变形测量的精度有明确的要求。一般性的也要达到毫米级，重要的、变形比较敏感的则要达到0.1mm，甚至0.01mm，见表3-3。

表3-3　建筑变形监测的等级及其精度要求

等级	沉降监测点测站高差中误差/mm	位移监测点坐标中误差/mm	主要适用范围
特等	0.05	0.3	特高精度要求的变形测量
一等	0.15	1.0	地基基础设计为甲级的建筑的变形测量；重要的古建筑、历史建筑的变形测量；重要的城市基础设施的变形测量等

（续）

等级	沉降监测点测站高差中误差/mm	位移监测点坐标中误差/mm	主要适用范围
二等	0.50	3.0	地基基础设计为甲、乙级的建筑的变形测量；重要场地的边坡监测；重要的基坑监测；重要管线的变形测量；地下工程施工及运营中的变形测量；重要的城市基础设施的变形测量等
三等	1.50	10.0	地基基础设计为乙、丙级的建筑的变形测量；一般场地的边坡监测；一般的基坑监测；地表、道路及一般管线的变形测量；一般的城市基础设施的变形测量；日照变形测量；风振变形测量等
四等	3.0	20.0	精度要求低的变形测量

注：1. 沉降监测点测站高差中误差：对水准测量，为其测站高差中误差；对静力水准测量、三角高程测量，为相邻沉降监测点间等价的高差中误差。

2. 位移监测点坐标中误差：指的是监测点相对于基准点或工作基点的坐标中误差、监测点相对于基准线的偏差中误差、建筑上某点相对于其底部对应点的水平位移分量中误差等。坐标中误差为其点位中误差的 $1/\sqrt{2}$ 倍。

所以在变形观测之前，应根据变形观测的目的不同，选择相适应的观测精度、施测方法及测量仪器。

（2）监测需要反复　为了分析工程建筑变形规律和预测变形趋势，必须按照一定的时间周期反复进行变形观测。变形测量的观测周期，应根据建（构）筑物的特征、变形速率、观测精度要求和工程地质条件等因素综合考虑。观测过程中，根据变形量的变化情况，观测周期应进行适当调整。

（3）处理数据的方法需要严谨　建筑物的变形量一般都较小，周期性的反复观测又会积累大量的原始测量观测数据，因此对待积累数据必须按照相应的方法严谨处理，才能从不同的观测周期的大量观测数据中，精确分析出有效的变形规律及变形趋势。

5.1.2 变形监测的基本要求

1）大型或重要工程建（构）筑物，在工程设计时，应对变形测量统筹安排。从施工开始，即应进行变形测量。

2）变形测量点宜分为基准点、工作基点和变形监测点。其布设应符合下列要求：

① 每个工程至少应有3个安全稳固可靠的点位作为基准点。

② 工作基点应选在比较稳定的位置。对通视条件较好或观测项目较少的工程，可不设立工作基点，在基准点上直接测定变形监测点。

③ 变形监测点应设立在变形体上能反映变形特征的位置。

3）每次变形观测时，宜符合以下要求：采用相同的图形（观测路线）和观测方法，使用同一仪器和设备，固定的观测人员，在基本相同的环境和条件下工作。

4）平面和高程监测网，应定期检测。建网初期，宜每半年检测一次；点位稳定后，检测周期可适当延长。当对变形成果发生怀疑时，应随时进行检核。

5）每次观测前，对所使用的测量仪器和工具设备，都应进行检验校正，并详细记录。

6）变形观测结束后，应根据工程需要整理上交变形值成果表，观测点布置图，变形量曲线图，有关荷载、温度、变形量相关曲线图，以及变形分析报告等资料。

5.1.3 变形监测的分类

（1）外部变形监测　外部变形监测是指对工程建筑结构形体外部形状及其空间位置的变化进行监测，如倾斜、裂缝、垂直和水平位移等，因此变形监测又可分为垂直位移监测（常称为沉降观测）、水平位移观测（常称为位移观测）、倾斜观测、裂缝监测、挠度监测（建筑的基础、上部结构或构件等在弯矩作用下因挠曲作用引起的垂直于轴线的线位移）、风振监测（对受强风作用而产生的变形进行观测）、日照监测（对受阳光照射受热不均而产生的变形进行观测）以及基坑回弹监测（对基坑开挖时由于卸除土的自重而引起坑底土隆起的现象进行观测）等。

（2）内部变形监测　内部变形监测是指对工程建筑结构形体内部应力、温度、水位、渗流、渗压等的变化进行观测。

通常，测量人员主要负责工程建筑结构外部变形监测，而内部变形监测一般由相关研究人员实施测量。

5.2 民用建筑沉降监测

在民用（工业）建筑中，为了掌握建筑物的沉降情况，及时发现对建筑物不利的下沉现象，以便及时采取应对措施，从而保障建（构）筑物的安全使用，同时也为今后建（构）筑物合理设计提供数据资料，因此在建（构）筑物施工过程中和投产使用后，特别是对于地基软弱或者基础不够稳定的地区，或者建筑物上部荷载与自重较大的情况下，都必须进行沉降监测。

1）进行该类工作必须先进行实施监测的位置（即观察是否有沉降发生的监测点）的设置。而且此类观测点应该根据建筑物的自身情况（如规则或不规则形状），采用框架、框剪或筒体等其他结构形式、处于软土地基或复合地基等地质条件、桩位布置情形等因素综合考虑，使之布设在最能敏感反映建筑物基础发生变化的位置。对于西南地区的建筑物而言一般布设在建筑物四角、差异沉降量大的位置、地质条件有明显不同的区段以及沉降缝的两侧。埋设时务必通过焊接等方式确保观测点与建筑物的内部连接牢靠，使得监测点的变化与建筑物的变化情况同步。

2）监测发生变化的时间间隔也称沉降监测的周期的选择问题。经过实践发现如果监测的间隔时间选择得当就能更细致地反映出建筑物的沉降变形规律。因此，此类沉降监测对时间的选择有严格的限制条件，确保第一次监测要在基础已经承受少量荷载且承受的荷载有限时进行，否则沉降监测得到的初始数据属于不完整或是有缺陷的，从而使整个观测得不到完整的观测结果，以致不能详细地反映在该荷载增加的过程中基础发生的变形情况。其他各阶段的测量工作一定要根据工程进展情况定时进行，不得漏测或补测，只有这样，才能得到准确的沉降情况或规律，也才能对于建筑物的稳定性进行有效的认知。

通常情况下认为在砂类土层上的建筑物，其沉降在施工过程中已完成大部分的下沉和反弹，而在黏土类土层上的建筑物，其沉降在施工期间只是整个沉降量的一部分，在封顶或竣工后仍然需要进行一定次数的监测，但是监测周期可以适当延长。

根据工作经验，在施工阶段，监测的频率要大些，按层数的增加或荷载的增加确定监测周期。沉降是否进入稳定阶段，应由沉降量与时间关系曲线判定。对于一般工程的该类监测，若沉降速度小于1个具体的数值（如小于0.01~0.04mm/d），可认为进入稳定阶段，具体取值应根据各地区地基土的压缩性确定。

3）沉降监测的精度，一般按照国家二等水准测量要求实施。

5.3 民用建筑倾斜监测

用测量仪器测定建筑物、构筑物的基础和主体结构倾斜变化程度的工作，称为建筑物倾斜监测。

建筑物倾斜监测是在建筑物施工和运行期间，对建筑物进行的一种稳定性监测，这种监测是对建筑物的多种形式变形监测的一种，建筑的倾斜度标准是根据建筑物的沉降以及结构体系而定的，依据建筑物的高度不同，对于建筑物的倾斜度（率）的限制规定也是不一样的，通常高层建筑沉降不大于200mm，倾斜度不大于0.2%~0.8%，根据建筑物的高度不同，要求也不一样，具体的规定见《建筑地基基础设计规范》（GB 50007—2011）。根据《建筑地基基础设计规范》第5.3.4条规定：对于砌体承重结构基础的局部倾斜，中、低压缩性土为0.2%，高压缩性土为0.3%；对于多层和高层建筑的整体倾斜，建筑物高度小于等于24m的，为0.4%。这和结构具体布置有关，不过依据条文，六层楼房的倾斜角最大不能超过arctan(0.004)=0.23，建（构）筑物倾斜率（倾斜量值/垂直高度）大于0.4%，就属于危房，若大于0.7%的建（构）筑物就严重危险了。因此对于建（构）筑物的倾斜度监测就成为建筑测量的一项重要监测工作。

下面介绍倾斜度监测工作的概念以及实施操作办法。

（1）一般建筑物主体的倾斜监测　建筑物主体的倾斜监测，应测定建筑物顶部监测点相对于底部监测点的水平方向偏移量值，再根据建筑物的高度计算建筑

物主体的倾斜度（率），即

$$i = \tan\alpha = \Delta D / H$$

式中 i——建筑物主体的倾斜度（率）；

ΔD——建筑物顶部监测点相对于底部监测点的水平方向偏移量值（m）；

H——建筑物的高度（m）；

α——倾斜角（°）。

倾斜测量主要是测定建筑物主体的水平方向偏移量值 ΔD。偏移量值 ΔD 的测定一般采用经纬仪投影法，如图 3-34 所示。

经纬仪投影法的具体监测实施步骤如下：

1）将经纬仪安置在一个固定测站点 O 测站位置上，通常该测站到建筑物的水平距离为建筑物高度 H 的 1.5 倍以上。瞄准建筑物墙面 A 顶部的某监测点 M，用盘左、盘右分中投点法定出下部的监测点 N。用同样的方法，在与墙面 A 垂直的 B 墙面上定出上监测点 P 和下监测点 Q。M、N 和 P、Q 即为所设监测标志。

2）隔一段时间后，在原固定测站点位上再次安置经纬仪，分别瞄准上观测点 M 和 P，用盘左、盘右分中投点法得到 N' 和 Q'。如果 N 与 N'、Q 与 Q' 不再重合，说明建筑物发生了水平方向上的倾斜量。

3）用尺子分别测量出下部监测点在 A、B 墙面的偏移值 ΔA、ΔB，然后用矢量相加的计算方法得出该建筑物总的水平方向偏移值 ΔD，即

$$\Delta D = \sqrt{\Delta A^2 + \Delta B^2}$$

按照前面的倾斜度计算公式，根据总的水平方向偏移值 ΔD 和建筑物的高度 H 即可计算出其倾斜度（率）i 值。

（2）圆形建（构）筑物主体的倾斜监测　圆形建（构）筑物倾斜度监测示意图如图 3-35 所示。

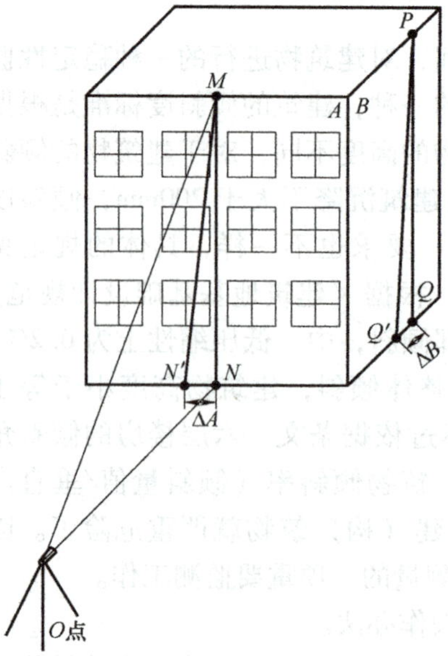

图 3-34　一般建筑物倾斜度监测示意图

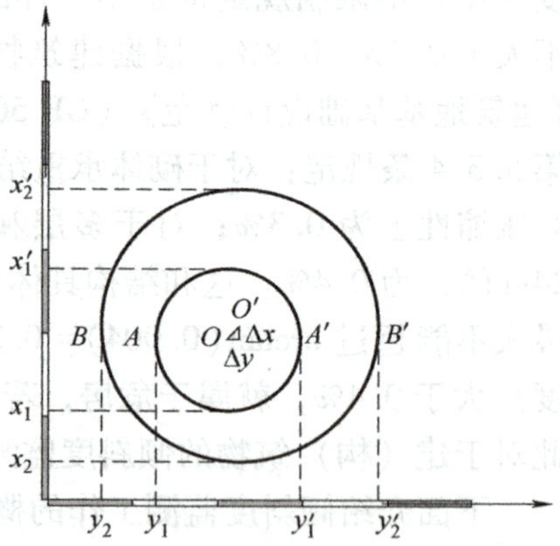

图 3-35　圆形建（构）筑物倾斜度监测示意图

对于圆形建（构）筑物的倾斜监测，通常是在互相垂直的两个方向上，测定其顶部中心相对底部中心的偏移量值。

1）在烟囱底部横放一根标尺，在标尺中垂线方向上安置经纬仪，通常经纬仪到烟囱中心铅垂线的水平距离为烟囱高度 H 的 1.5 倍以上。

2）用望远镜将烟囱顶部边缘两点 A、A' 及底部边缘两点 B、B' 分别投到标尺上，得读数为 y_1、y_1' 及 y_2、y_2'。烟囱顶部中心 O 对底部中心 O' 在 y 方向上的偏移值 Δy 为

$$\Delta y=\frac{y_1+y_1'}{2}-\frac{y_2+y_2'}{2}$$

3）用同样的方法，可测得在 x 方向上，顶部中心 O 的偏移量值 Δx 为

$$\Delta x=\frac{x_1+x_1'}{2}-\frac{x_2+x_2'}{2}$$

4）用矢量相加的方法，计算出顶部中心 O 对底部中心 O' 的总偏移量值 ΔD，即

$$\Delta D=\sqrt{\Delta x^2+\Delta y^2}$$

根据总偏移量值 ΔD 和圆形建（构）筑物的高度 H 即可计算出其倾斜度 i。

另外，也可采用激光铅垂仪或悬吊垂球的方法，直接测定建（构）筑物的倾斜度。

（3）建筑物基础倾斜监测　基础倾斜是指基础倾斜方向两端点的沉降差与其距离的比值。建筑物的基础倾斜监测一般采用精密水准测量的方法，定期测出基础两端点的沉降量差值 Δh，再根据两点间的距离 L，即可计算出基础的倾斜度：

$$i=\Delta h/L$$

对整体刚度较好的建筑物的倾斜观测，也可采用基础沉降量差值推算主体偏移值，如图 3-36 所示。

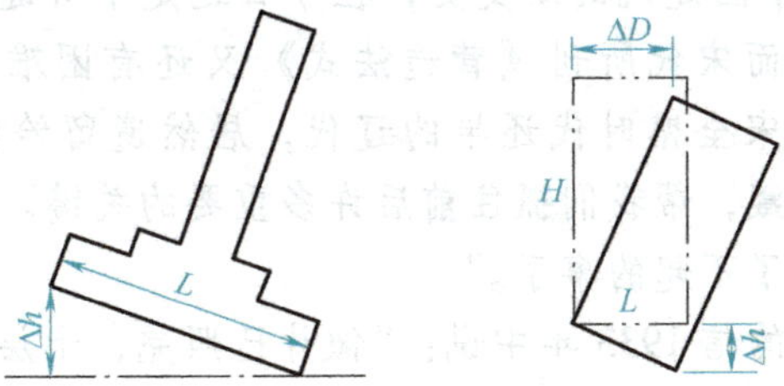

图 3-36　建筑物基础倾斜度监测示意图

用精密水准测量的方法测定建筑物基础两端点的沉降量差值 Δh，再根据建筑物的宽度 L 和高度 H，推算出该建筑物主体的偏移值 ΔD，即

$$\Delta D=\frac{\Delta h}{L}H$$

【拓展实践】　根据掌握的建（构）筑物变形监测知识，利用各种学习平台了解建（构）筑物水平方向位移监测、倾斜变形监测、工程竣工监测方面的相关内容、方法及精度要求。

测量小故事

《梁思成与林徽因》：考察测量古建筑

图 3-37 为我国古建筑大师梁思成先生于 20 世纪 30 年代手绘的山西应县古塔。

图 3-37　山西应县古塔

一次又一次的意外惊喜、骄傲，散落在我国各处的古建筑，被梁思成、林徽因及中国营造学社社员这些执着的中国学者一发现、拍摄、测量，记录在他们的考察报告中。

林徽因写到："中国建筑的演变史，在今日还是个灯谜，现在唐代木构在国内还没有找到一个，而宋代所刊《营造法式》又还有困难，不能完全解释的地方。这距唐不久、离宋全盛时代还早的辽代，居然遗留给我们一些顶呱呱的木塔、高阁、佛殿、经藏，帮我们抓住前后许多重要的关键。这在几个研究建筑的死心眼人看来，已是了不起的事了。"

梁思成给林徽因的信 1933 年中说："像片已照完，十层平面全量了，并且非常精细，将来眷画正图时可以省事许多。明天起，量斗拱和断面，又该飞檐走壁了。我的腿已有过厄运，所以可以不怕。"

梁思成赴美留学前一年，曾因为一次车祸给一条腿留下残疾，但这丝毫没有影响他和学社的同事在古建考察中的"飞檐走壁"。每次古建考察，不仅仅留下建筑物的影像，最为至关重要也最为繁重的工作，是为每一座建筑物，留下一套完整的测绘稿。

从 1932 年到 1937 年仅六年间，中国营造学社社员的足迹遍及河北、山西、陕西、河南、山东、辽宁、湖南、浙江、江苏，他们测绘整理了 200 多组分布于各地的建筑群，完成测绘图稿 1898 张，留下了一套中国建筑的科学完备的稀世珍宝。

任务实施与评价：

任务工单 30（自测）

项目名称	民用建筑工程施工测量	任务名称	民用建筑变形监测
训练方式	理论习题	学时分配	2
姓名		个人得分	
日期		小组得分	
学期成绩		得分占比	

任务习题：（每空 2 分，共 100 分）

1. 在工程建筑的建设、________和________过程中，由于基础的________、土壤的________特征、地下水位的________以及建筑物本身的________和外界的________（如风力、振动、行走的人等）作用等因素影响，经常导致工程建筑发生沉降、________、倾斜________和挠曲等形变。

2. 为了保证工程建筑的使用、________安全以及为以后的________提供________依据，用专门的________定期对建（构）筑物的以上形变特征进行观测的工作，称为变形测量。

3. 变形测量点宜分为________点、________点和________点。

4. 变形监测的特点主要有________________、________________、________________。

5. 大型或重要工程建筑物、构筑物，在________时，应对变形测量统筹安排。从________开始，即应进行变形测量。

6. 每个工程至少应有________个安全稳固可靠的点位作为基准点。工作基点应选在________的位置。对通视条件________或观测项目________的工程，可不设立工作基点，在基准点上直接测定________点。变形监测点应设立在________上能反映________的位置。

7. 每次变形观测时，宜符合以下要求：采用________的图形（观测路线）和____方法，使用____仪器和________，________的观测人员，在________的环境和条件下工作。

8. 平面和高程监测网，应定期________。建网初期，宜每________检测一次；点位____后，检测周期可适当____。当对变形成果____________时，应随时进行________。

9. 变形监测可分为________________、________________。

10. 在建（构）筑物施工过程中和____使用后，特别是对于地基软弱或者基础____的地区，或者建筑物________与________的情况下，都必须进行沉降监测。

11. 通常情况下认为在________类土层上的建筑物，其沉降在施工过程中________大部分的下沉和反弹，而在________类土层上的建筑物，其沉降在施工期间只是整个沉降量的____，在封顶或竣工后仍然需要进行一定次数的监测，但是监测周期应适当延长。

任务总结：本次任务为实操性质知识，知识点总结如图 3-38 所示。

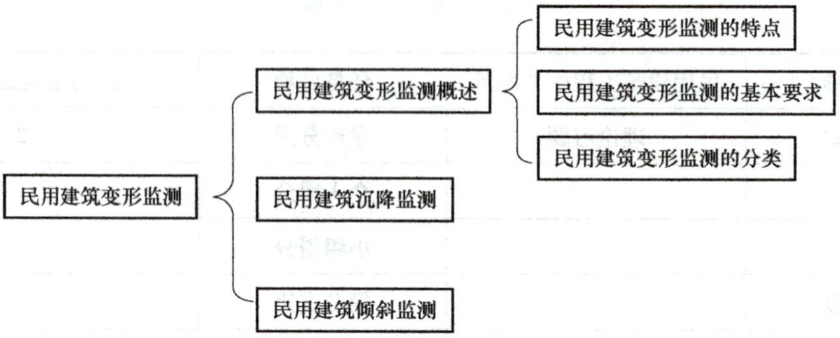

图 3-38　任务 5 知识点总结

附录　工程测量实训指导书

××××学院

（××）级（×××）专业

工程测量实训指导书

专　　业：________________班　　级：________________

组　　号：________________组　　长：________________

组　　员：____

指导教师：____

____

××××学院

工程测量工作组

××年××月

（任务书每组一份。按顺序装订后用白色透明塑料封皮装订上交。）

小组成绩单

小组成员	（组长）					
答辩代表						
小组成绩	数据完整性得分（20 分）	数据正确性得分（20 分）	数据记录书写得分（20 分）	小组成员报告得分（20 分）	小组答辩得分（20 分）	小组得分（100 分）

小组成员测量现场合照：

工程测量实训内容安排

序号	实训任务内容	实训时间	场地
1	解析实训任务书，掌握实训任务	×. ××上午	教室
2	测量仪器分发，踏勘场地	×. ××下午	仪器室 实训场地
3	导线（水准）测量	×. ××第一天	第 1 号场地
4	导线（水准）测量	×. ××第二天	第 1 号场地
5	水准（导线）测量	×. ××第一天	第 2 号场地
6	水准（导线）测量	×. ××第二天	第 2 号场地
7	水准（导线）测量	×. ××第一天	第 3 号场地
8	水准（导线）测量	×. ××第二天	第 3 号场地
9	水准（导线）测量	×. ××第一天	第 4 号场地

（续）

序号	实训任务内容	实训时间	场地
10	水准（导线）测量	×. ××第二天	第4号场地
11	以小组为单位整理报告并提交，小组组长学习通群提交本组电子稿1份和打印一份纸质装订1份（逾期不候，视为未完成）	×. ××	教室
备注：实训期间，各组根据实际任务完成情况可在任务安排期限内，适当利用自由时间调配补充完善区段内容完成			

工程测量实训场地与时间安排

序号	班级	测量任务	实训时间	场地
1	01	导线控制测量	×. ××全天	1号场地
			×. ××全天	1号场地
		水准控制测量	×. ××全天	2号场地
			×. ××全天	2号场地
			×. ××全天	3号场地
			×. ××全天	3号场地
			×. ××全天	4号场地
			×. ××全天	4号场地
2	02	水准控制测量	×. ××全天	2号场地
			×. ××全天	2号场地
		导线控制测量	×. ××全天	3号场地
			×. ××全天	3号场地
		水准控制测量	×. ××全天	4号场地
			×. ××全天	4号场地
			×. ××全天	1号场地
			×. ××全天	1号场地
3	03	水准控制测量	×. ××全天	3号场地
			×. ××全天	3号场地
			×. ××全天	4号场地
			×. ××全天	4号场地
		导线控制测量	×. ××全天	1号场地
			×. ××全天	1号场地
		水准控制测量	×. ××全天	2号场地
			×. ××全天	2号场地
4	04	水准控制测量	×. ××全天	4号场地
			×. ××全天	4号场地
			×. ××全天	1号场地
			×. ××全天	1号场地
			×. ××全天	2号场地
			×. ××全天	2号场地
		导线控制测量	×. ××全天	3号场地
			×. ××全天	3号场地

场地编号说明

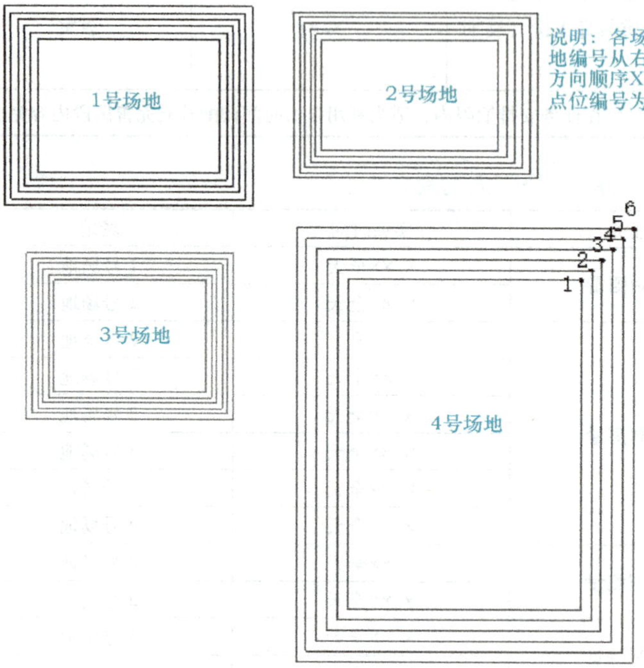

说明：各场地分组编号顺序如4号场地右上角所示，各场地编号从右上角位置起算，编号分别为XY-1，沿逆时针方向顺序XY-2、XY-3、XY-4,比如: 4号场地第2组右上角点位编号为42-1，沿逆时针方向依次为42-2、42-3、42-4.

测量场地划分一览图

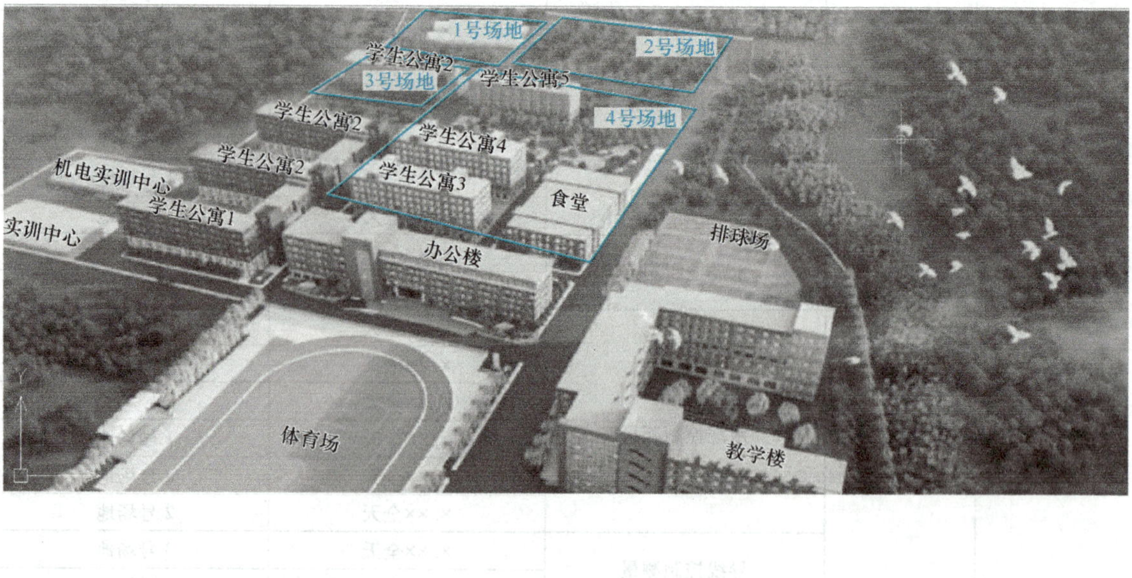

××××年　测量实训已知点数据表单

场地名称	组别	坐标		高程
		X	Y	H
1号	1	4782324.275	614979.311	191.708
	2	4782325.893	614981.164	191.690
	3	4782327.088	614983.150	191.697
	4	4782328.068	614984.150	192.672
	5	4782324.045	614955.357	190.397
	6	4782330.081	614486.124	194.651
2号	1	4782162.367	614929.252	191.111
	2	4782163.324	614931.736	191.073
	3	4782164.175	614933.940	191.022
	4	4782145.162	614934.957	192.326
	5	4782162.371	614835.748	195.037
	6	4782167.175	614936.613	194.022
3号	1	4782256.386	614718.346	187.593
	2	4782255.805	614716.267	187.615
	3	4782255.375	614713.945	187.591
	4	4782246.375	614714.925	188.638
	5	4782227.832	614735.437	179.597
	6	4782258.471	614716.943	190.591
4号	1	4782417.458	614786.209	187.022
	2	4782418.765	614785.393	187.036
	3	4782420.120	614784.360	187.025
	4	4782421.457	614785.360	188.845
	5	4782462.431	614736.548	173.941
	6	4782423.138	614787.461	190.427

一、实训目的及要求

（一）实训目的

通过测量实训让学生对所学内容进一步加强理解，加深印象，使学生对所学测量实操技能得以巩固和提升，全面掌握常用测量仪器的使用，实践测、算、绘的技术环节，提高分析问题、解决问题的能力；培养学生遵守纪律、密切配合、团结协作的职业精神和对待工作严肃认真、一丝不苟、实事求是、不畏艰辛的优良习惯，为今后从事相关技术工作奠定坚实的思想品质及技术能力基础。

（二）实训要求

1）掌握三、四等水准测量及数据整理的方法。

2）掌握导线测量及数据整理的方法。

3）了解 RTK 坐标的测量方法。

二、实训内容

（一）仪器检验

水准仪、水准尺、全站仪、棱镜、RTK 等仪器设备是否满足使用要求，其检验方法详见教材相关内容。外观无损坏，各旋转螺旋转动灵活有效即可。

注意：仪器校正和修理一定要由实验室老师进行操作，学生一律不许独自进行。

（二）实训细则

1. 三、四等水准测量

1）测量场地布置水准点构成的闭合水准路线，设每组路线出发点为控制点，并通过“学习通资料”获取本组已知高程数值。用自动安平水准仪双面尺法施测，视线长小于80m，前后视距要大致相等，视距差小于±3m，黑红面高差互差小于±5mm，水准路线的高差闭合差要小于$\pm20\sqrt{L}$mm，L为水准路线总长，单位为 km（公里）。

2）要求小组成员每人至少测一测段，并能够单独完成水准测量成果的表格计算，当各点的高差互差小于±5mm 时，取均值为高差最后高差中数结果。

水准外业施测与内业数据成果整理表格见附表 1、附表 2。

2. 导线测量

1）测量校园边界场地布置桩点构成的闭合导线，设每组路线出发点为控制点，并通过“学习通资料”获取本组已知导线点位坐标及方位角数值。用全站仪、棱镜施测，角度闭合差不大于$\pm40''\sqrt{n}$，前后视距要大致相等，导线全长相对闭合差 $K\leqslant1/14000$。将测量结果绘制成草图，并标注角点坐标值、水平角、水平距离。

2）要求小组成员测量过程中轮换角色，并能够单独完成导线测量成果的表格数据计算，当导线的测量数据满足限差要求时，团队协作填写成果表单。

导线测量外业施测与内业数据成果整理表格见附表 3、附表 4。

3. RTK 测量

1）运用 RTK 核查校园边界场地布置桩点构成的闭合导线角点坐标数值，设每组路线出发点为控制点，并通过“学习通资料”获取本组已知点位坐标及方位角数值。

2）要求小组成员测量过程中轮换角色测量点位坐标、方位角，填写数据表单，核查闭合导线坐标测量数据无误，小组团队共同对比导线测量坐标及方位角数据，分析数据，整理报告。

RTK 闭合导线测量数据复核表格见附表 5。

说明：由于实训时间有限，相对实训任务较重，实训开始后学院将仪器发放到各组保管，（实训期间仪器设备有损坏，由组长负责，小组共同承担）以便学生充分利用自由机动时间实测，实训期间各组成员要确保仪器设备的安全。主动研究成果数据的整理，为正确书写实训报告做准备。白天可以充分利用适宜时间进行测量，时间可以根据天气情况稍作调整，但要保证正常上课时间都在场地附近，实训指导老师不定期巡查。

三、实训报告内容

1）时间、地点。

2）实训的目的、要求。

3）实训报告内容：实训中所进行的测量工作，采用的测量方法，测量精度是否满足精度要求，成果数据计算表等；测量中遇到的问题及其解决问题的方法与效果。

4）测量实训的心得、体会以及对测量实习的建议等。

5）书写字迹要工整、清晰，图表要整洁。

6）报告要求每人三篇，其中

① 仪器使用收获。

② 测量实训过程心得。

③ 测量技能提升总结。

各一篇，每篇字数要求500字以上，不要写流水账，要记录真实感受、真实心得和真实想法，否则扣除实训报告分数并返回重写。

测量数据以小组为单位，提交表单为：每个水准场地提交3套（每组3个水准场地，外业单+内业单为1套，共9套）正确表单数据成果；导线提交3套（外业单+内业单，共3套）正确表单数据成果。

四、实训纪律

1）严禁旷课，保证正常上课时间都在施测场地。实训指导老师不定期巡查。旷课一次，警告并降低实训平时成绩50%，累积旷课两次及以上，取消实训成绩。有特殊事情要事先向老师请假，请假累计不能超过一天；超过规定者实训成绩不及格。

2）注意保护测量仪器。搬运前要注意在箱内放好，并扣好锁扣；三脚架要架稳，连接螺旋要拧好；注意车来人往，避免碰撞仪器；测量时不许打闹，以防打翻仪器，注意仪器安全；若需要面向太阳，要打遮阳伞遮挡阳光，以防损坏仪器。

3）在测量中要做到：仪器（水准仪、全站仪、RTK等）不离人，以防仪器被风吹倒或被其他人员撞倒损坏；尺垫等小测量用具要随时带走，以防丢失。

4）小组成员要服从组长的统一安排，按时外出进行测量，保证足够的测量时间，按时并保质保量完成测量任务。

五、测量实训成绩的评定依据

1）实训过程表现。

2）测量成果精度。

3）实训报告。

附录：实训表格（仅供参考），另外要多参考相关知识内容。

六、上交材料及装订顺序

1）封面。

2）小组成绩单。

3）任务书。

4）实训报告。第人4份（每场地各1份）附到小组数据报告后面。

5）成果表（水准9套、导线3套合格成果）。

附表 1　四等水准测量记录单（反正面印）

测量项目：　　　　班级：　　　　组别：　　　　组长：　　　　日期：

测站编号	点号	后尺 上丝	前尺 上丝	方向及尺号	标尺读数/m 黑面	标尺读数/m 红面	黑+*K*-红/mm	高差中数/m	备注
		后尺 下丝	前尺 下丝						
		后视距/m	前视距/m						
		视距差 *d*/m	Σ*d*/m						
		1	3	后	5	6	13		
		2	4	前	7	8	14	18	
		9	10		16	17	15		
		11	12						
									K 为水准尺常数
Σ									

附表 2　四等水准测量高程成果整理表

测量项目：　　　　　班级：　　　　　组别：　　　　　组长：　　　　　日期：

点名	距离/m	观测高差/m	改正数/m	改正后高差/m	高程/m
					0.000
Σ					

$\sum h =$

$f_{h容} = \pm 20\sqrt{L} =$　　　　　　　　；$f_h =$

由于：　　　　　所以：

附表 3 一级导线测量手簿

测站________

日期：　　　　班级：　　　　组别：　　　　组长：

	站点	读数		2C	半测回方向	一测回方向	各测回平均方向	附注
		盘左	盘右					
水平角观测								

边长		平距观测值	平距中数	边长		平距观测值	平距中数
	1				1		
	2				2		
—	3			—	3		
	4				4		

附表 4 导线近似平差计算表

日期： 班级： 组别： 组长：

序号	点名	观测角	方位角	边长	v_x ΔX_i	X_i	v_y ΔY_i	Y_i
1						（已知坐标）		（已知坐标）
			0 00 00					
2								
3								
4								
5								
6								
7	$\Sigma\beta$							
			Σ					
$K=1/$		$f_\beta=$ ″		$f_x=$		$f_y=$		$f_s=$

$f_{\beta允}=\pm$______″

导线略图

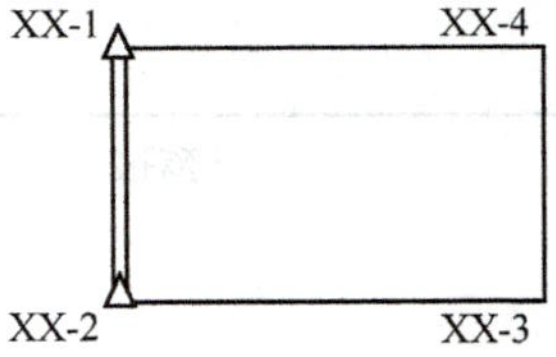

$\Sigma\beta$ 测 = ____° ____′ ____″，$\Sigma\beta$ 理 = ____° ____′ ____″，$f_\beta=\Sigma\beta$ 测 $-\Sigma\beta$ 理 = ____″，f_β 允 $=\pm10''\sqrt{n}=$ ____″（按一级导线标准），经检核______；

$f_X=$____，$f_Y=$____，$f_S=\sqrt{(f_x^2+f_y^2)}=$____ m，$K=f_S/\Sigma D=$ ___/___ $=1/$____ $\approx1/$____ 1/14000（按一级导线标准），经检核__________

附表 5　RTK 闭合导线测量数据复核

测量项目：　　　　班级：　　　　组别：　　　　组长：　　　　日期：

点号	坐标		方向线名称	方位角	水平距离	备注
	X	Y				
						分析全站仪测量与 RTK 测量结果的不同

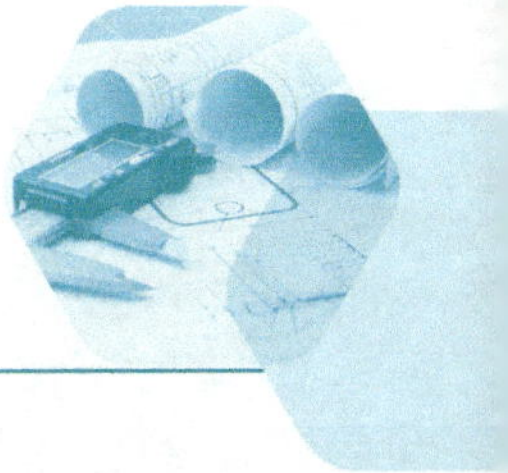

参考文献

[1] 周建郑. 建筑工程测量［M］. 4版. 北京：中国建筑工业出版社，2018.

[2] 程和平. 工程测量［M］. 北京：中国建筑工业出版社，2020.

[3] 张博. 地形测量［M］. 北京：中国水利水电出版社，2016.

[4] 张晓东. 建筑工程测量［M］. 北京：中国建筑工业出版社，2017.

[5] 王剑英. 土建工程测量［M］. 北京：中国计量出版社，2009.